数学デッサンギャラリー

The gallery of Mathematical *Dessins*

瑞慶山 香佳　Zukeyama Yoshika

技術評論社

はじめに

“数学デッサン”とは、私がつくった言葉です。“数学で扱うかたちをモチーフにデッサンを描くこと”をいいます。数学デッサンを最初に描いたときに、どのような作品なのか一言でわかるようにと考えて、この言葉をつくりました。

この本は、数学デッサンの作品と、そこに描いたモチーフについて私が学んだことや、連想した内容を、文章やイラストでまとめたものです。私自身、数学についてはほとんど素人のようなものなので、数学について詳しく解説する本というよりは、数学デッサンの作品と作品に関するエッセイを集めた本だと思って読んでいただくと良いかもしれません。また、どの項目から読みはじめても基本的には楽しめるようになっています。パラパラとめくって、気になる作品のページから読んでいくというのも良いでしょう。

文章が横道にそれて、数学からどんどん遠ざかってしまうこともあるかもしれません。ですが、ふらふらと寄り道をするのも、ときにはおもしろいものです。数学デッサンの作品を糸口とする連想から、数学の世界がさまざまな分野へとつながり、広がっていくような本を目指しました。いろいろな場所につながっていく数学の息吹を、少しでも感じてもらえるとうれしいです。

目次

第1部

多面体

多面体の規則正しく整った美しさは、
過去も現在も、そしておそらく未来でも、人の心を魅了するでしょう。
もしも、人が本能的に持つ美意識があるのだとするならば、
そこに浮かび上がる1つのかたちは、
多面体なのかもしれないと思うのです。

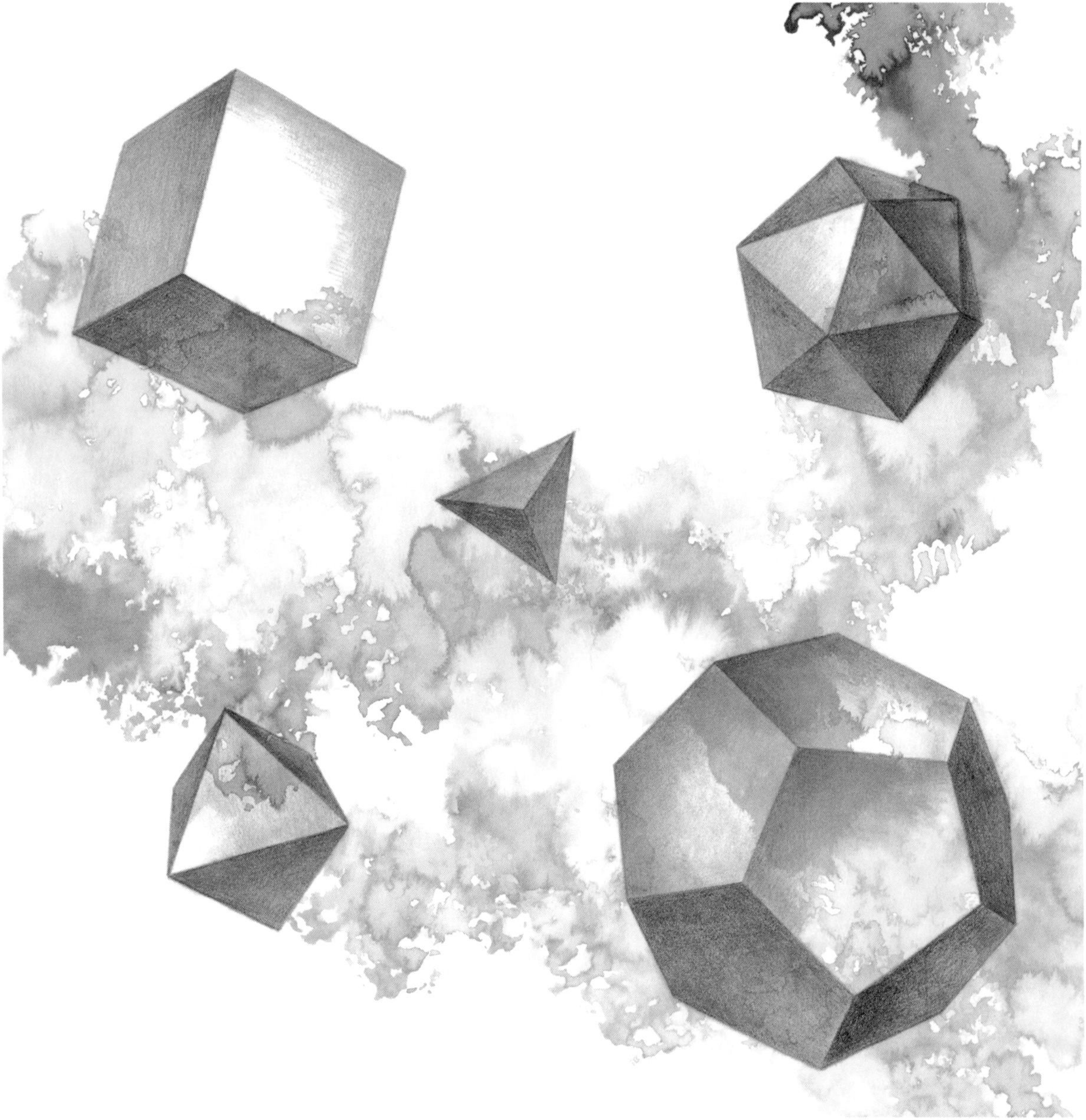

正多面体 Regular polyhedron

幾何学で扱う代表的なかたちといえば、まずは、正四面体や正六面体（立方体）などの正多面体が挙げられます。各面が同じ1種類の正多角形でできていて、すべての頂点において接する面の数が等しい凸多面体のことを正多面体といいます（凸多面体とは、凹みや穴がない多面体で、p.16で紹介する星形正多面体などは含まれません）。古代ギリシアの哲学者プラトン（紀元前427-紀元前347）が発見したともいわれており、“プラトンの立体”という名で呼ばれることもあります。正多面体には正四面体、正六面体、正八面体、正十二面体、正二十面体の5種類があります。

左ページの絵は、5種類の正多面体を描いたものです。左上が正六面体、左下が正八面体、中央に正四面体、右上が正二十面体、右下が正十二面体です。正多面体は、日常のさまざまな場面で目にする機会が多い多面体です。たとえば、照明器具やアクセサリー、サイコロのかたちなどでも見かけることがあります。

正多面体のかたちを鑑賞する際にまず注目したいのは、面のかたちです。正四面体と正八面体、正二十面体の面は正三角形から、正六面体の面は正方形から、正十二面体の面は正五角形からできています。

また、正六面体は透視図法がよくわかるかたちになっています。透視図法とは、消失点という点を基準にかたちを描く方法です。消失点の数がそれぞれ異なる一点透視図法、二点透視図法、三点透視図法の3種類があります（それぞれ右のイラスト、上から）。

左ページの絵の正六面体は二点透視図法を使って描いていますが、よりダイナミックな表現をする場合は三点透視図法を使うこともあります。

一点透視図法

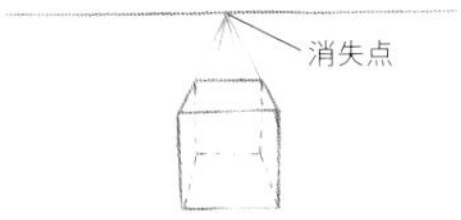

二点透視図法

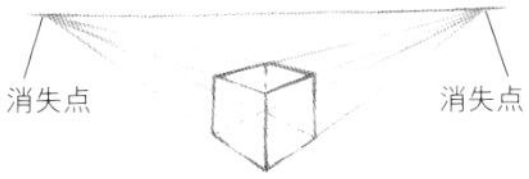

三点透視図法

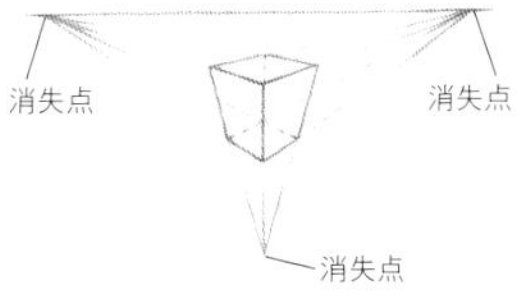

※ 正多面体と双対多面体

双対多面体とは、多面体の各面の重心を頂点にしてできる多面体のことです。正多面体の双対多面体は必ず正多面体になります。

たとえば、正六面体の双対は正八面体になります。ここで興味深いのは、正八面体の双対は正六面体になるということです。それぞれの双対の関係は右のイラストのようになっています。

また、正四面体の双対は正四面体になるのですが、これを自己双対といいます。

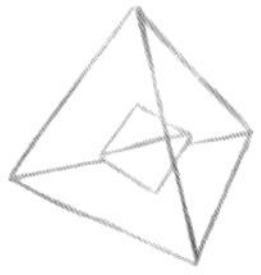

正四面体↔正四面体

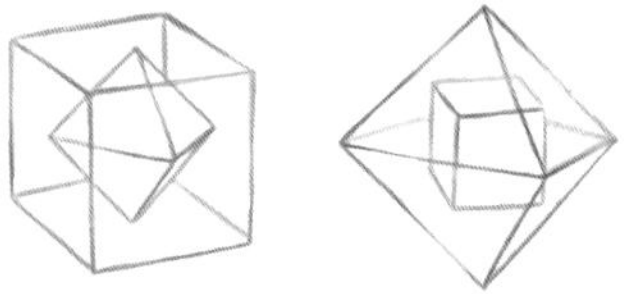

正六面体↔正八面体

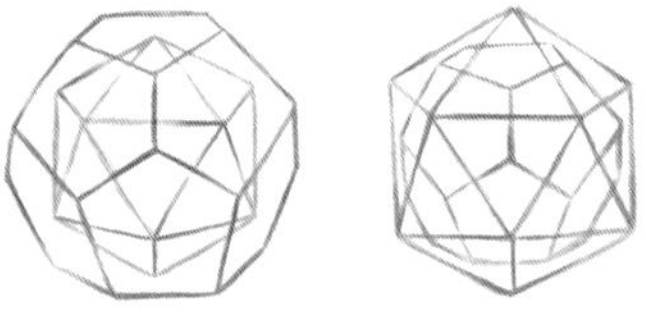

正十二面体↔正二十面体

※ 複雑なかたちのとらえ方

正多面体の中でも正十二面体や正二十面体は、思いどおりに描くのが特に難しい複雑なかたちをしています。一筋縄ではいかない複雑なかたちはどのように描けばよいのでしょうか。先人たちのかたちのとらえ方に、何かヒントがあるかもしれません。

たとえば、紀元前3世紀頃にアレクサンドリアの数学者ユークリッド（紀元前330？-紀元前275？）によって書かれた数学書『原論』では、正十二面体や正二十面体は立方体や角柱をもとにかたちを分解して考えています。“複雑なかたちは、わかりやすいかたちの組み合わせとして考える”ということです。このように、かたちを分解して考える方法は、ユークリッド以前の時代から使われており、古くはバビロニアの粘土板にも見られます。

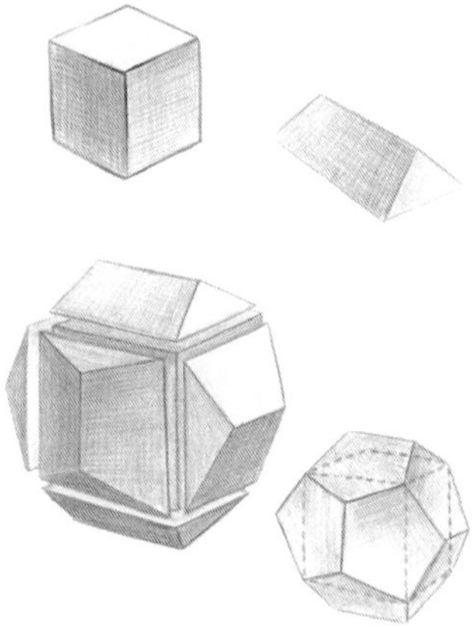

別のとらえ方も見てみましょう。ルネサンスの時代の美術家レオナルド・ダ・ヴィンチ（1452-1519）が数学者ルカ・パチョーリ（1445-1517）の本のために描いた挿絵は、正多面体の辺のみを木枠風のフレームで表現し、描いています。このダ・ヴィンチの挿絵では、通常は面で覆われて隠れてしまう部分が見えるようになっているため、手前の辺と奥の辺や面の細かい位置関係も観察することができます。

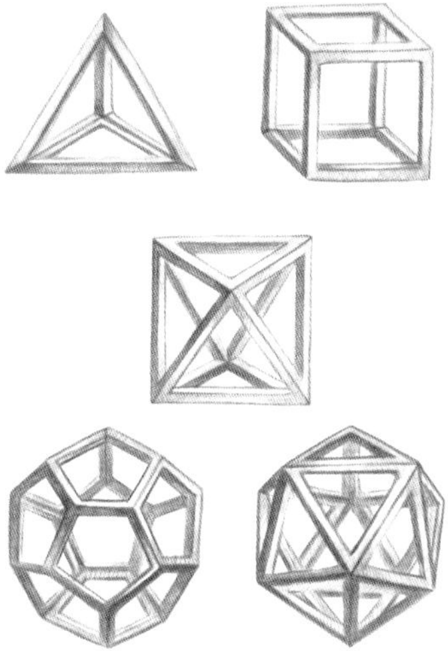

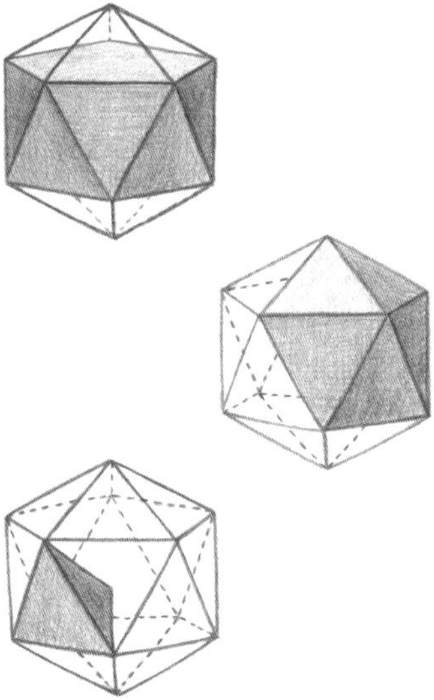

正二十面体に隠れているかたち

このように、先人たちは複雑なかたちを考えるときは、かたちをよく観察し、わかりやすくとらえるためのさまざまな方法を模索していました。

頂点の位置や面の関係、辺のつながりをよく観察してみましょう。これまでに気がつかなかったかたちが、見えてくるかもしれません。いくつかのわかりやすいかたちの組み合わせとしてとらえると、正十二面体や正二十面体のような複雑なかたちも描きやすくなります。

半正多面体 Semi-regular polyhedron

2種類以上の正多角形からできる凸多面体に、半正多面体があります。半正多面体は13種類あり、左ページの絵はその一部です。4世紀頃に活躍した数学者アレクサンドリアのパッポス（290？-350？）の著書『数学集成』によると、古代ギリシアの数学者アルキメデス（紀元前287？-紀元前212）が半正多面体を最初に発見したとされています。半正多面体それぞれの現在の名前は、ルネサンスの時代にドイツで活躍した数学者で天文学者のヨハネス・ケプラー（1571-1630）によって再発見された際に名づけられました。

半正多面体一覧

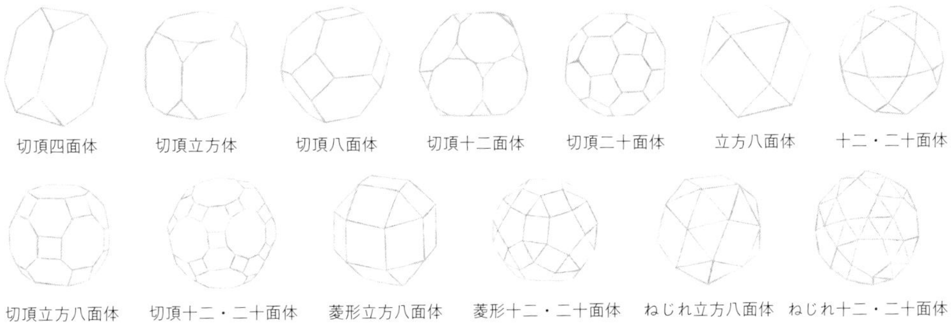

左のページに描いた半正多面体は、上から順に、切頂四面体、ねじれ立方八面体、切頂二十面体と呼ばれています。切頂二十面体は、サッカーボールの模様としても知られていますね。どのような正多角形の組み合わせでできているのか、考えてみましょう。切頂四面体は正三角形4枚と正六角形4枚、ねじれ立方八面体は正三角形32枚と正方形6枚、切頂二十面体は、正五角形12枚と正六角形20枚でできています。

❖ 切頂

いくつかの半正多面体は、正多面体の頂点のまわりを対称に取り除くことで作ることができます。すべての頂点のまわりを対称に取り除くことを“切頂”といいます。切頂の例を見てみましょう。

右のイラストは、正六面体の頂点のまわりを少しずつ切り取ったものです。切り口の大きさを変えると、かたちが少しずつ変化します。

一番上は切頂立方体、二番目は立方八面体、三番目は切頂八面体で、どれも半正多面体です。

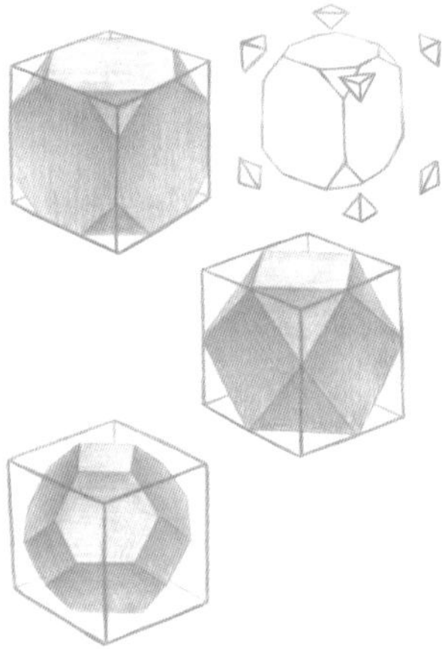

❖ 半正多面体の双対

正多面体の双対は必ず正多面体になりました。ところが、半正多面体の双対は半正多面体にはなりません。半正多面体の双対はアルキメデス双対、またはカタランの立体といいます。カタランの立体という名は、半正多面体の双対について初めて記述したベルギーの数学者ウジェーヌ・シャルル・カタラン（1814-1894）にちなんで名づけられました。アルキメデス双対も半正多面体と同様に13種類あります。

アルキメデス双対一覧

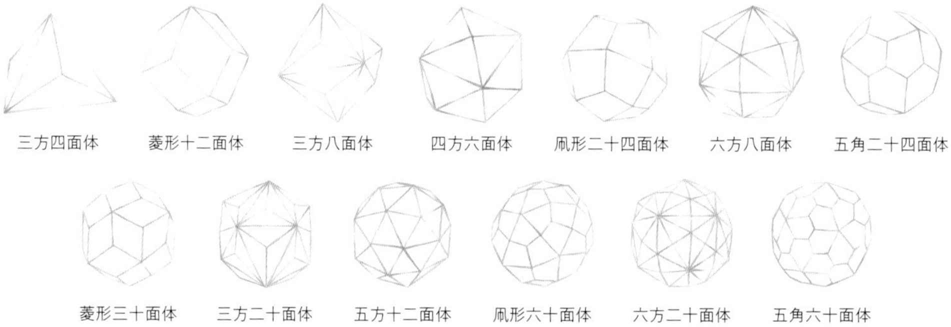

❖ シラクサのアルキメデス

半正多面体は、アルキメデスが発見したことにちなんで、“アルキメデスの立体”とも呼ばれています。

アルキメデス（紀元前287？-紀元前212）は、紀元前3世紀頃に活躍した古代ギリシアの数学者・物理学者です。数学のほかにも天文学や物理学の研究をしていたアルキメデスは、その知識を応用して、さまざまな機械を発明したともいわれています。

生涯の詳細は不明ですが、現在の南イタリアのシチリア島にあるシラクサという町で、そのほとんどを過ごしていたようです。シラクサでは軍事技術者として、数学や物理学の知識を応用した兵器を作り、ローマ軍から街を守ったという伝説が知られています。

アルキメデスは生きていた当時から多くの人々の尊敬を集め、さまざまな伝説とともに語られてきました。アルキメデスの名前は、アルキメデスの立体のほかにも、アルキメデスの螺旋（p.61）や、アルキメディアン・スクリュー（p.63）に残っています。

ところで、数学の賞として有名なフィールズ賞のメダルのデザインに、アルキメデスのイメージが採用されているのはご存じでしょうか。メダルの表面にはアルキメデスをイメージした肖像が、裏面にはアルキメデスが研究していた円柱と円柱に内接する球が描かれています。

アルキメデスは、現代でも多くの人々の憧れとなっている偉大な数学者なのです。

フィールズ賞のメダルに描かれているアルキメデスのイメージ

星形多面体 Stellation

左のページに描いた多面体は、小三角六辺形二十面体といいます。星形多面体の一種です。星形多面体とは、多面体を星形化することによってできるかたちです。

右のイラストのように凸多角形の辺を伸ばしていくと、交差して星のようなかたちになります。これを多角形の“星形化”といいます。このような“星形化”を凸多面体で行う場合、2つの方法があります。1つは、凸多角形の星形化と同じように、凸多面体の辺を伸ばして交差させ、かたちを作る方法、もう1つは、凸多面体の各面を広げて交差させ、かたちを作る方法です。

小三角六辺形二十面体は、正二十面体の各面を広げて交差させ、星形化するとできる星形多面体です。小三角六辺形二十面体の面は、正三角形の辺に二等辺三角形がくっついたような、六角形のかたちになっており、これらの面が交差するように組み合わさった状態になっています。全体を見ると、コロコロとしていて可愛い多面体ですね。

ところで、小三角六辺形二十面体のように正二十面体を星形化するとできる多面体は、正二十面体自身も含めて59種類あります。のちほどご紹介する、5つの正四面体による複合多面体や10個の正四面体による複合多面体(p.18-19)は、正二十面体を星形化することでも作ることができます。

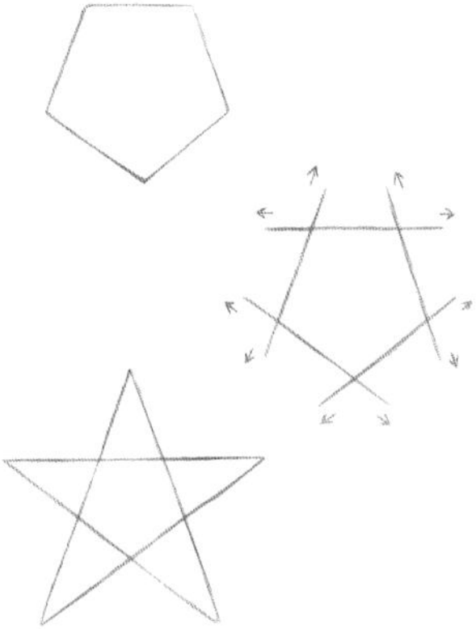

正五角形の星形化

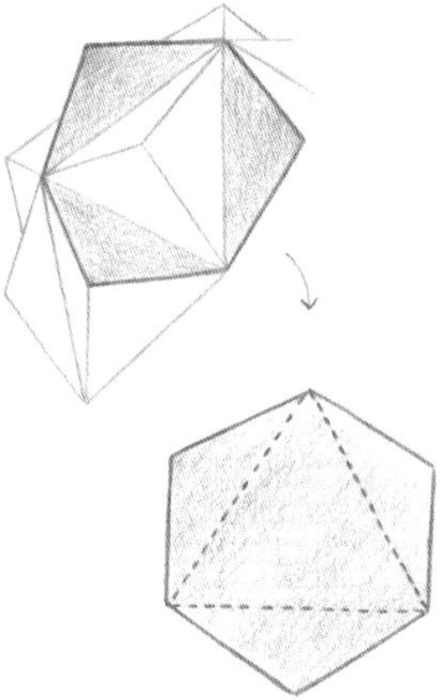

小三角六辺形二十面体の面のかたち

❈ 星形正多面体

星形正多面体は、正十二面体または正二十面体を星形化することによってできる多面体です。小星形十二面体、大星形十二面体と、それぞれの双対の大十二面体と大二十面体の4種類があります。

星形正多面体は、15世紀頃から、教会の装飾や本の挿絵などに使われていましたが、1619年頃にドイツの数学者で天文学者のヨハネス・ケプラー(1571-1630)によって、はじめて数学的に研究されました。その際、ケプラーは小星形十二面体と大星形十二面体の2つを発見します。

その後、1809年にフランスの数学者ルイ・ポアンソ(1777-1859)が残りの2つである大十二面体と大二十面体を発見しました。

星形正多面体は、このふたりの発見者の名前から、ケプラー・ポアンソの立体とも呼ばれています。

星形正多面体の中でも小星形十二面体は、現在も室内の照明や飾りなどにときどき使われるかたちなので、見たことがある方もいらっしゃるかもしれませんね。小星形十二面体は、正十二面体の面を星形化することによりできる多面体で、それぞれの面が五芒星でできています。

小星形十二面体

大星形十二面体

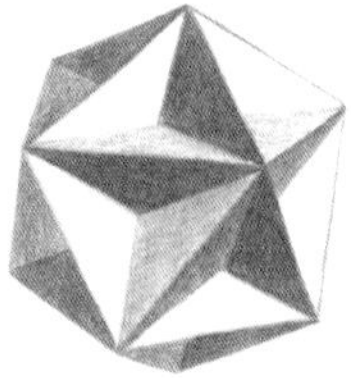

大十二面体

大二十面体

❖ 星形正多角形と複合多角形

小星形十二面体の面にも見られる五芒星は、神秘的な意味を持つかたちとして古くからさまざまな文化で扱われてきました。現代でも、国旗や装飾、洋服の模様などさまざまな場面で見かけるかたちです。日本では、陰陽道のシンボルとして神社で見かけることもありますね。

五芒星は、正五角形を星形化することでできる星形正多角形で、星形正五角形ともいいます。

ところで、五芒星と同じように古くから使われているかたちに六芒星があります。六芒星もまた、国旗や家紋、タイルの模様などさまざまな場面で見かけるかたちです。フランスのアールヌーヴォーを代表する画家アルフォンス・ミュシャ（1860-1939）が描いたポスターにも、印象的な六芒星が輝いているものがあります。

六芒星は正六角形を星形化することでできるかたちですが、2つの正三角形に分解することができるため、星形正多角形ではありません。

六芒星のように、いくつかの多角形に分解することができるかたちを、複合多角形といいます。

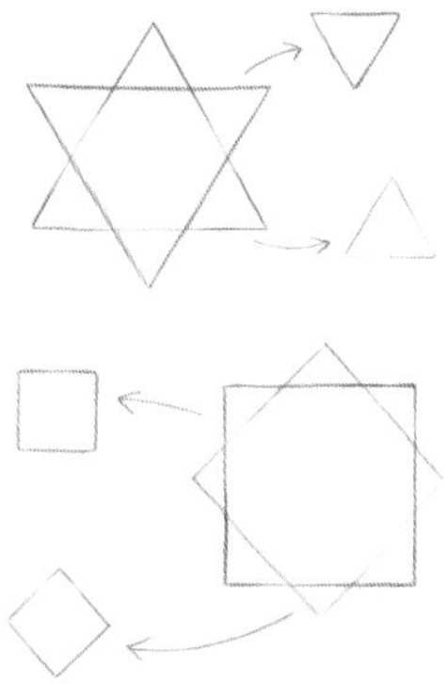

複合多角形

❖ 正八面体の星形化

正八面体は、辺による星形化はできませんが、面を伸ばして星形化することができます。このかたちを星形八面体といいます。

星形八面体は2つの正四面体による複合多面体でもあります。

5つの正四面体による複合多面体 Compound of five tetrahedra

左ページに描いた“5つの正四面体による複合多面体”は、5つの正四面体が角度を変えて重なることでできる多面体です。5つの正四面体がどのように重なっているのかを考えると、かたちの構造が見えてきます。

この多面体は、正四面体が1つの軸を中心に1回転の1/5ずつ角度を変えて重なっているため、細部を観察すると五芒星のように見える部分もあります。塊として全体を見るだけでなく、目線を近づけて細部のかたちを追ってみると、その複雑さがより楽しめる多面体です。

正四面体の複合多面体には、5つの正四面体による複合多面体のほかにも、星形多面体の項目で取り上げた“星形八面体”や、10個の正四面体による複合多面体などがあります。星形八面体は、2つの正四面体による複合多面体です。10個の正四面体による複合多面体は、正四面体の重なり方がかなり複雑になります。左下のイラストは10個の正四面体による複合多面体を描いたものですが、正四面体がどのように重なっているのか、パッと見ただけではわからないですね。さすがに描くのも少々大変になりますが、とても美しい星のようなかたちです。

2つの正四面体による複合多面体
（星形八面体）

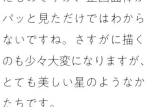

10個の正四面体による複合多面体

❈ いろいろなかたちを複合する

2個以上の多面体を重ねてできるかたちを複合多面体、2個以上の立体を重ねてできるかたちを相貫体といいます。

複合多面体はさまざまな多面体を組み合わせて作ることができ、相貫体はさまざまな立体を組み合わせて作ることができます。思わぬかたちができるのが、複合多面体や相貫体の醍醐味です。

ところで、美術のデッサンの練習に、複合多面体や相貫体の石膏像を使うことがあります。2つの四角柱からできる複合多面体や、円柱と角錐からできる相貫体、角柱と円錐からできる相貫体など、いくつかバリエーションがあります。オリジナルの複合多面体や相貫体を考えてみるのも楽しいですね。

複合多面体と相貫体の例

❈ 複合双対多面体

互いに双対な多面体を、それぞれが双対になる位置に置き、辺が交差するように重ねるとできる複合多面体を、複合双対多面体といいます。

たとえば、正四面体の双対は正四面体ですので、2つの正四面体を重ねるとできる星形八面体は複合双対多面体になります。同様に、正六面体と正八面体、正十二面体と正二十面体でも複合双対多面体を作ることができます。

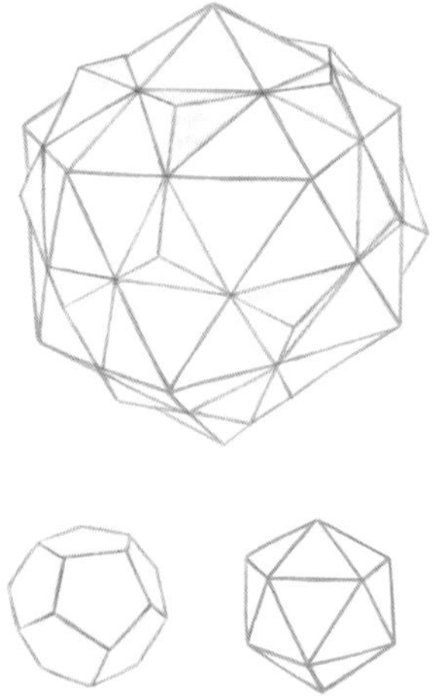

正十二面体と正二十面体の複合双対多面体

❈ エッシャーと複合多面体

オランダの版画家マウリッツ・コルネリス・エッシャー(1898-1972) は、錯視を利用した作品で広く知られています。代表作《上昇と下降》(1960) に描かれている、どこまで行ってももとの場所に戻ってしまう不思議な階段を思い浮かべた方もいらっしゃるかもしれません。この階段は、“ペンローズの階段”と呼ばれる不可能図形がモチーフになっています。

エッシャーは数学や物理をテーマにした作品を数多く制作しました。多面体をモチーフに扱うこともあり、しばしば複合多面体も作品に登場します。

右下の2つの複合多面体も、彼の作品に描かれていたものを参考に描いたものです。小さいほうは正六面体2つの複合多面体、大きいほうは正八面体3つの複合多面体です。

エッシャーは多面体に対して“秩序の象徴”というイメージを持っていたようですが、実際に描かれている作品を見ていると、新しいかたちを探す“楽しい実験”として描いていたようにも思えます。

エッシャーの描く多面体は、絵の中に星のように散りばめられていたり、塔の上にさりげなく置かれていたり……まるで小さな宝物のように美しく輝いています。

エッシャーの作品を見かけたときは、ぜひ多面体にも注目してみてください。

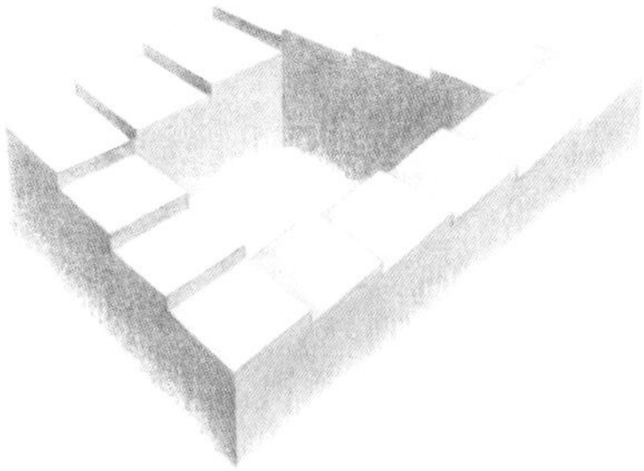

ペンローズの階段

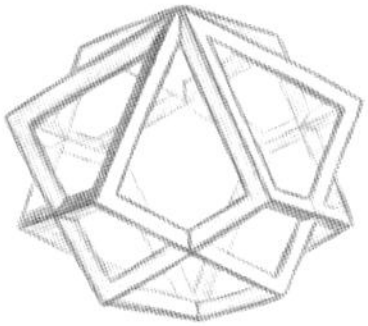

一様多面体 Uniform polyhedron

左のページに描いたかたちは、一様多面体の一種で、十二・十二面体と呼ばれています。

一様多面体とは、すべての面が正多角形または星形正多角形でできていて、すべての頂点の形状がすべて合同な角になっている多面体です。正多面体や半正多面体、星形正多面体も含まれます。また、角柱、反角柱にも一様多面体の条件を満たすものがありますが、通常は含めません。

正多面体5種類、半正多面体13種類、星形正多面体4種類、そのほかの一様多面体53種類、すべてあわせて75種類の一様多面体の一覧が、1954年にイギリスの数学者ハロルド・スコット・マクドナルド・コクセター(1907-2003) らによって発表されました。のちに、この一覧が一様多面体のすべてであるということが証明されています。

十二・十二面体は、星形正五角形の面が印象的ですね。どこかポップな雰囲気もあります。

十二・十二面体は面の位置関係が少々複雑になっています。ここに描いた十二・十二面体で特に目を引くのは、手前に見える星形正五角形の面ですが、その奥によく見ると大きな正五角形の面があるのがわかるでしょうか。十二・十二面体は、星形正五角形12枚の面と、正五角形12枚の交差する面でできています。

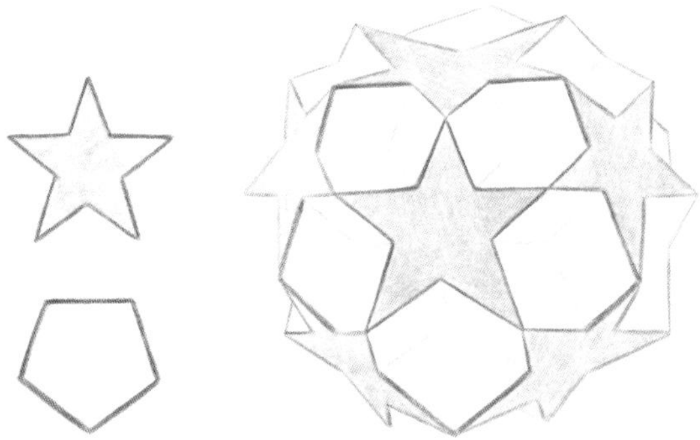

星形正五角形と正五角形の面

※ 角柱と反角柱

角柱とは、2つの合同な多角形の底面を四角形の側面でつないだものです。

このとき、底面が正多角形のものは“正角柱”、底面も側面も正多角形のものを“アルキメデスの正角柱”といいます。

また、側面が平行四辺形のものは斜角柱といいます。

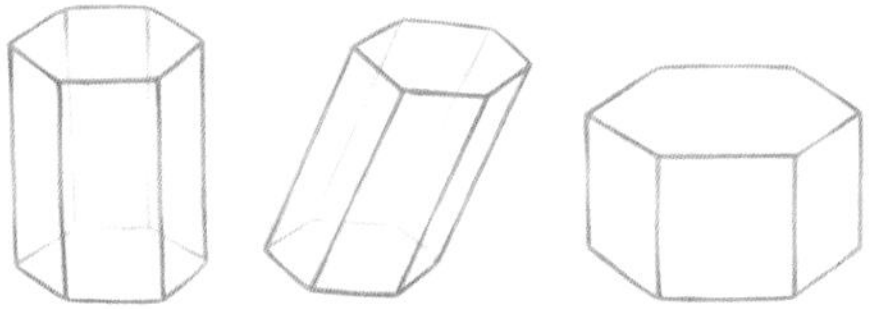
角柱と斜角柱とアルキメデスの正角柱

反角柱とは、2つの合同な多角形の底面を三角形の側面でつないだものです。

反角柱も角柱と同様に、底面が正多角形のものを“正反角柱”、底面も側面も正多角形のものを“アルキメデスの反角柱”といいます。

反角柱は側面が三角形になっているので丈夫で安定しています。そのため、ビルなどの建築にも使われることがあるかたちです。

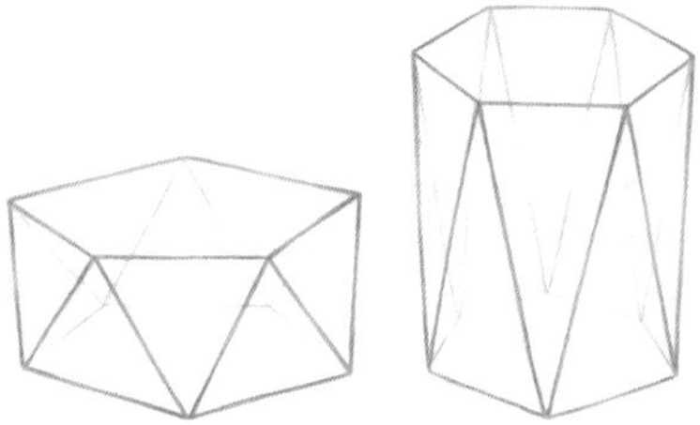
反角柱

“アルキメデスの正角柱”や“アルキメデスの反角柱”は一様多面体の条件を満たしていますが、無限個あるため、通常は一様多面体75種類に含まれません。

ところで、角柱と反角柱は星形多角形で作ることもできます。ただし、星形多角形から角柱と反角柱を作るときは、面が交差するかたちを考えます。右のイラストは、底面が星形正五角形の角柱と反角柱です。それぞれ、色がついている部分が側面にあたります。

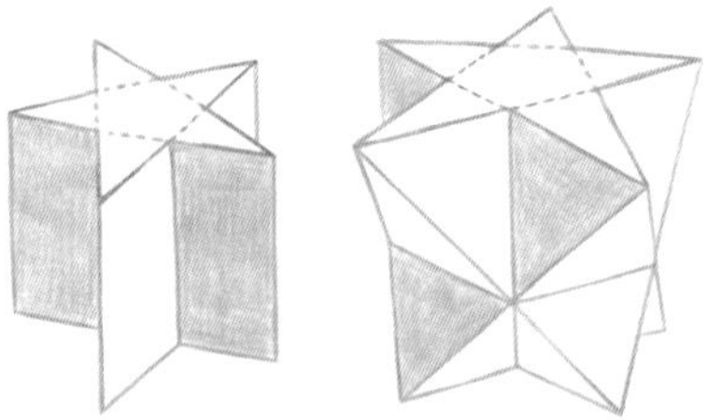
星形正五角形の底面を持つ角柱と反角柱

また、星形正多角形の底面と三角形の側面でできるかたちに、星形正多角交差反柱があります。

星形多角形の反角柱の場合は2つの底面の向きが同じでしたが、星形正多角交差反柱の場合は2つの底面の向きがそれぞれ反対になっているのが特徴です。右のイラストは、星形正五角形が底面になっている星形正多角交差反柱です。色がついている部分が、側面になります。

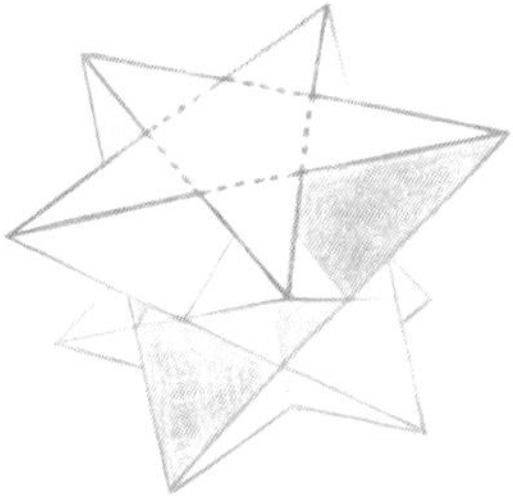
星形正多角交差反柱

❖ コクセター

一様多面体の一覧を発表したイギリスの数学者ハロルド・スコット・マクドナルド・コクセター(1907-2003)の専門は幾何学でした。現代の幾何学において数多くの先駆的な業績を残したため“現代のユークリッド”とも呼ばれています。また、芸術家や建築家など、他分野の人々とも深い交流があったことで知られています。

コクセターが活躍した20世紀半ばは、数学の抽象化が推し進められた時代でもありました。この時代、“視覚から得られるイメージやインスピレーションは不確かなものであり、論理的な厳密さを求める数学に図は不要である”というような、少々極端な考え方が生まれます。そのため、作図を通して考察を深めていくユークリッド幾何学のような古典的な幾何学は、時代遅れで不要なものである、と考えられるようになりました。実際、数学教育の現場から幾何学が排除されるといったことも起こったようです。

しかし、そのような“幾何学はもう古い”といった風潮の中でも、幾何学の研究を続けて数多くの業績をあげ、その価値を再び世に示したのがコクセターでした。周囲に流されることなく、自らの興味のおもむくままに探求を続けることで、偉大な成果を残した数学者です。

空間充填多面体 Space-filling polyhedron

同じかたちを並べて、空間を隙間なく埋め尽くすことができる多面体を、空間充填多面体といいます。代表的な空間充填多面体には、正六面体、切頂八面体、正三角柱や正六角柱、菱形十二面体などがあります。

左ページの絵は、切頂八面体を複数個並べたものです。空間充填多面体は、隣り合うかたちと側面を共有して、空間を埋め尽くしていきます。多面体が規則正しく並んでいる様子は、鉱物の結晶のようにも見えますね。

切頂八面体の空間充填は、方ソーダ石（ソーダライト）の結晶構造にも見られます。方ソーダ石は、多くは青色で、ラピスラズリを構成する鉱物の1つでもあります。

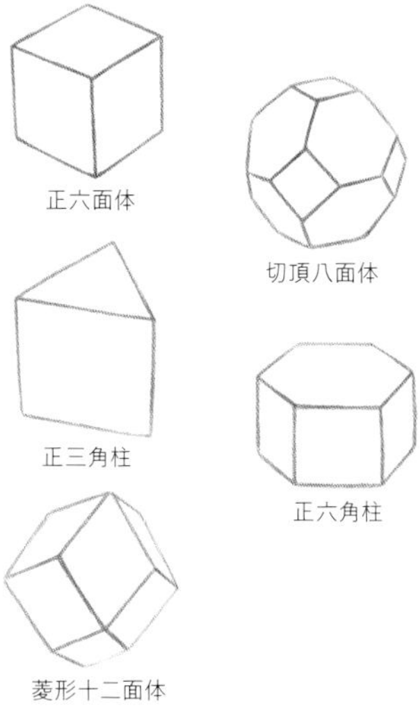

ラピスラズリとは、方ソーダ石グループの1つである青金石を主成分とする半貴石で、古くは顔料としても使われてきました。ラピスラズリから作られる天然の青色顔料は、ウルトラマリンやウルトラマリンブルーと呼ばれ、たいへん貴重で高価なものでした。オランダの画家ヨハネス・フェルメール（1632-1675）の作品《真珠の耳飾りの少女》に描かれている印象的な青色のターバンは、天然のウルトラマリンを使って描かれていたことで知られています。現在、天然のウルトラマリンはほとんど作られておらず、一般に販売されている絵具に使われているウルトラマリンは、人工的に作られた合成顔料です。

ところで、左ページの絵にも、方ソーダ石の青色のイメージから、ウルトラマリンを使ってみました。もちろん人工的に作られたウルトラマリンの絵具です。

❈ 六角柱の空間充填

六角柱の空間充填はハニカム構造とも呼ばれています。ハニカム構造の“honeycomb”はミツバチの巣という意味です。六角形が並んでいる様子から、ミツバチの巣を連想して名づけられたのでしょう。ハニカム構造は少ない材料でも強度を保つことができるかたちです。そのため工業製品でよく見かけます。

柱状節理

また、日本各地の海岸などで見られる柱状節理にも、六角柱の空間充填のように見えるものがあります。柱状節理とは、溶岩などが冷えて固まる際のひび割れによってできる地質構造です。玄武岩の柱状節理は六角柱に近いかたちになることがあるようです。

ところで、六角柱といえば、鉛筆のかたちも六角柱ですね。多くの鉛筆が六角柱になっている理由は“転がらないから”と“持ちやすいから”なのだそうです。特に持ちやすさについては、親指、人差し指、中指の3点で鉛筆を押さえるため、3の倍数の角柱がよいとされています。三角柱に近いかたちの鉛筆は、まだ鉛筆を持ち慣れていない子ども用として販売されているのを文具売り場で見かけることがありますね。

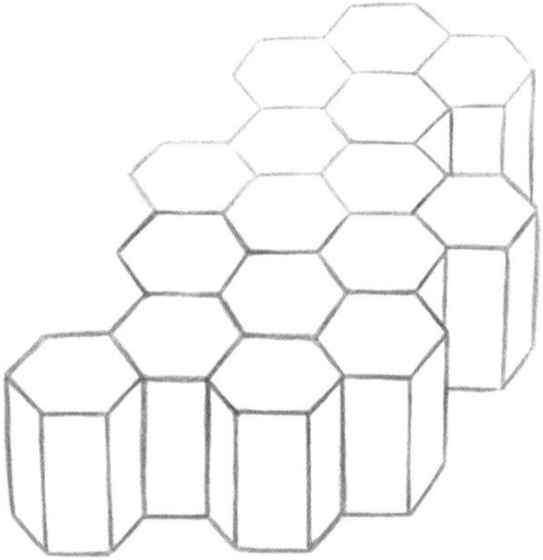

六角柱や三角柱の鉛筆を隙間なく並べると、空間充填を気軽に楽しむことができます。身近な空間充填、ぜひ探してみてください。

❖2種類以上の多面体でできる空間充填

ここまでは1種類のかたちでできる空間充填を見てきましたが、2種類以上の多面体でできる空間充填も見てみましょう。右のイラストは、立方八面体と正八面体による空間充填の様子を表したものです。立方八面体のように1種類では隙間ができてしまう多面体でも、隙間を埋める別の多面体（右のイラストでは正八面体）と組み合わせれば、空間を埋め尽くすことができます。

2種類の多面体からなる空間充填は、建築などにも利用されており、例としてオクテット・トラスが挙げられます。

オクテット・トラスとは、ドーム建築などに利用されている構造で、アメリカの建築家バックミンスター・フラー（1895-1983）が考案しました。正四面体と正八面体で空間を充填したもので、同じ大きさの正三角形で構成されています。

北欧や東欧のクリスマスの飾り“ヒンメリ”にも、オクテット・トラスの構造を見ることができます。ヒンメリとは、同じ長さの麦わらに糸を通してつなげ、正四面体や正八面体をいくつも組み合わせて作るモビールです。細長いビーズやプラスチックのストローなどでも、同じような飾りを作ることができます。正三角形の構造ができるように麦わらをつなげていくと、美しいかたちが崩れることなく、丈夫なヒンメリを作ることができるのだそうです。

立方八面体と正八面体による空間充填

双曲空間と正多面体 Hyperbolic polyhedron

左のページに描いた多面体は、双曲空間という特殊な空間で見た正多面体です。

双曲空間とは、曲率が負になる空間のことです。曲率とは、曲がり具合のことをいいます。数学では、曲線や曲面、空間などさまざまな曲率を扱いますが、ここでいう曲率は“空間の曲がり具合”のことです。

p.7でご紹介した正多面体は、ユークリッド幾何学（放物幾何学）で扱うユークリッド空間で見たかたちでした。ユークリッド空間では、曲率が0になります。曲率が0の空間では、正多面体の辺はまっすぐになります。

ところが、双曲空間では、曲率が負になるため、左ページの絵に描いたように正多面体の辺や面は内側にくぼんだようなかたちになります。

双曲空間の幾何学を、双曲幾何学といいます。また、この本では扱いませんが、曲率が正になる空間を扱う楕円幾何学もあります。双曲幾何学や楕円幾何学は、非ユークリッド幾何学とも呼ばれています。

双曲空間で見る正多面体は、曲面と多面体の両方の魅力を兼ね備えているように思います。

頂点からなだらかに降りてくる稜線や、その稜線に沿って徐々に変わるグラデーションには、曲面の美しさを感じます。また、面が切り替わるところではっきりとした明暗の差が生まれるのは、多面体が持つおもしろさといえるでしょう。全体を眺めていると、どこか有機的な印象もあります。植物のトゲのようにも見える頂点は、少し触ってみたくなりますね。

植物のトゲ（菱・バラ）

※ ユークリッド幾何学と平行線公準

ユークリッド幾何学とは、アレクサンドリアの数学者ユークリッド（紀元前330？-紀元前275？）が幾何学について書いた本『原論』に由来する幾何学です。ユークリッド幾何学は、主に私たちのまわりにあるもの、点や直線、平面などの幾何学図形の性質を述べています。

『原論』の中で、ユークリッドは5つの“公準”を挙げました。“公準”とは、証明をするにあたっての前提として扱う、最も基本的な基準のことです。現代の数学では“公理”といいます。

このユークリッドの公準の5番目に“平行線公準”というものがあります。

平行線公準とは「ある直線が2直線と交わり、その内角の和が2直角よりも小さいならば、その2直線が無限に伸びるとき、2直角より小さい内角の和を持つ側で交わる」（『プリンストン数学大全』朝倉書店より引用）というものです。パッと読んだだけでは、少しわかりづらいですね。

もう少しわかりやすく言い換えると「与えられた直線lとその上にない点Pに対し、Pを通りlと交わらない直線mがただ1つ存在する」となります。この言い換えは、スコットランドの数学者ジョン・プレイフェア（1748-1819）が1795年に教科書などに採用したことから、プレイフェアの公理とも呼ばれています。

平行線公準は、ほかの公準と比べてわかりやすいものではありませんでした。そのため、ユークリッドが活躍していた時代からすでに、ほかの4つの公準を使って導けるのではないかといわれており、長い歴史の中で何度も繰り返し研究され、議論され続けていました。

非ユークリッド幾何学の誕生には、この“平行線公準”が深く関わっています。

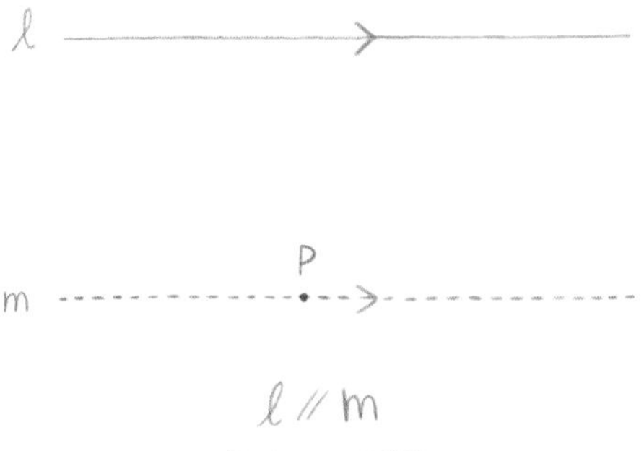

プレイフェアの公理

❖非ユークリッド幾何学の誕生

19世紀、ハンガリーの数学者ボヤイ・ヤーノシュ(1802-1860)と、ロシアの数学者ニコライ・イワノビッチ・ロバチェフスキー(1792-1856)によって、まったく別の場所でほぼ同時期に新しい幾何学が発表されました。この新しい幾何学はのちに、ドイツの数学者フェリックス・クリスティアン・クライン(1849-1925)によって“双曲幾何学”と名づけられます。双曲幾何学は、ユークリッドの平行線公準が成り立たないと仮定しても成立する幾何学で、それまでの幾何学の世界を大きく変えるものでした。

ところが、当時の数学者たちの間では「幾何学においてはユークリッド幾何学だけが正しい」という考え方が主流でした。そのため、双曲幾何学の考え方がすぐに受け入れられることはなく、発表した当時、ボヤイとロバチェフスキーの研究はほとんど無視されていたといいます。

ボヤイとロバチェフスキーの発表からしばらく時を置いたあと、ドイツの数学者ゲオルク・フリードリヒ・ベルンハルト・リーマン(1826-1866)や、イタリアの数学者ユージェニオ・ベルトラミ(1835-1900)らの研究によって、双曲幾何学を含めた非ユークリッド幾何学が徐々に体系立てられていきます。すると、ボヤイとロバチェフスキーの研究も再評価されるようになりました。

双曲幾何学は、ふたりの最初の発見者にちなんで、“ボヤイ・ロバチェフスキー幾何学”とも呼ばれています。

	ユークリッド幾何学	双曲幾何学	楕円幾何学
		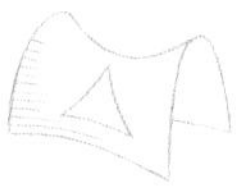	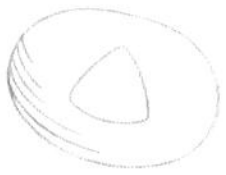
曲率	0	負	正
平行線の数	1本	2本以上	0本
三角形の内角の和	180°	180°未満	180°より大きい

ユークリッド幾何学と非ユークリッド幾何学の比較

正二十面体の変化形 Variant of regular icosahedron

左のページに描いたかたちは、正二十面体がもとになっています。ルネサンスの時代の美術家ヴェンツェル・ヤムニッツァー(1508-1585) が描いたものを参考に描きました。ヤムニッツァーはドイツのニュルンベルクの金細工師で、透視図法と多面体の研究に関わる多くの作品を残しました。

1568年に出版された『正多面体の透視図（Perspectiva Corporum Regularium)』は、どのページも美しい多面体の挿絵で飾られています。これらの挿絵は、ヤムニッツァーのデッサンをもとに、版画師のヨスト・アンマン（1539-1591）が版画として制作したものです。ヤムニッツァーは、正多面体の研究は宇宙を解明することにつながると考えていました。そのためでしょうか、『正多面体の透視図』の大部分は、正多面体の変化形の図からなっています。

左ページの絵をパッと見ただけでは、正二十面体とどういう関連があるかたちなのか、少しわかりにくいかもしれません。正二十面体の各面にあたる部分を、中心から3つに分かれた細いフレームで置き替えているイメージでしょうか。

右のイラストのようにフレームの頂点をそれぞれつないでみると、正二十面体の三角形の面が現れ、隠れていた正二十面体のかたちが見えてきます。

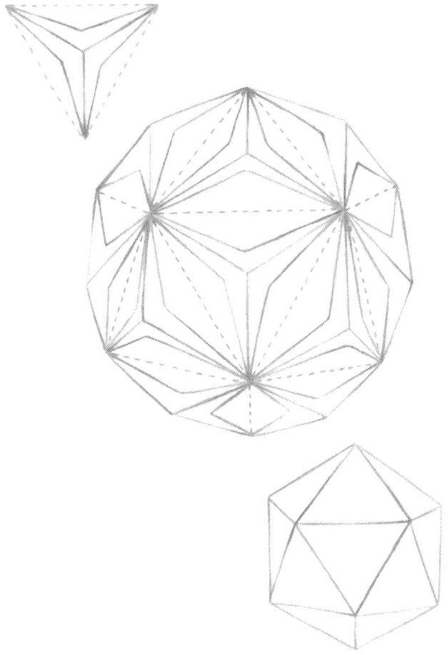

❖ ルネサンスと多面体

ルネサンスの時代、イタリアからドイツにかけて、透視図法の研究とともに多面体の研究が盛んに行われました。

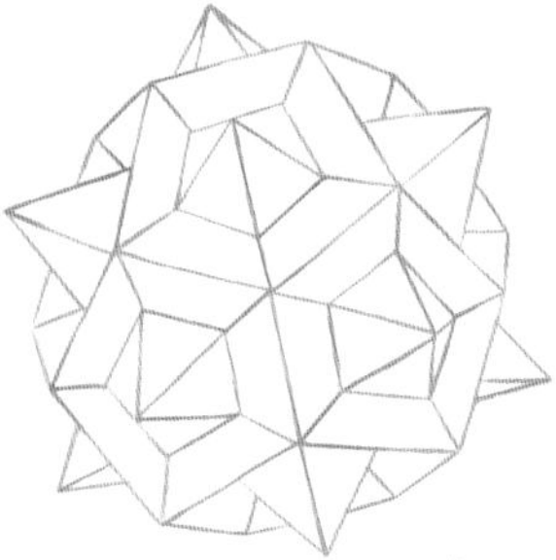

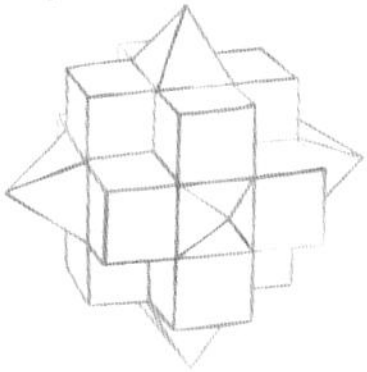

イタリアのパオロ・ウッチェロ（1397-1475）やレオナルド・ダ・ヴィンチ（1452-1519）、ドイツのアルブレヒト・デューラー(1471-1528）を始めとするルネサンスの時代の美術家たちは、透視図法の研究に関連するものとして、さまざまな多面体を描きました。ヤムニッツァーの作品のように、透視図法の本の挿絵として描かれ、残っているものもあります。

透視図法をより実践的に解説するためでしょうか、挿絵に描かれた多面体は複雑なものが多く、目を引きます。複合多面体や相貫体になっているもの、双対のようにも見えるもの、辺や面に刻みが入った多面体もあります。

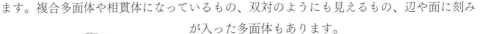

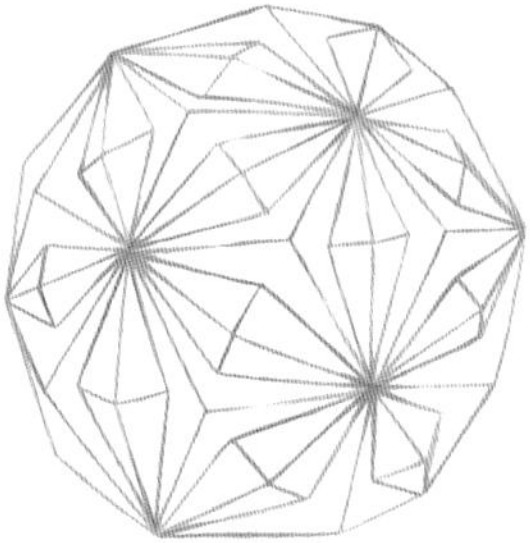

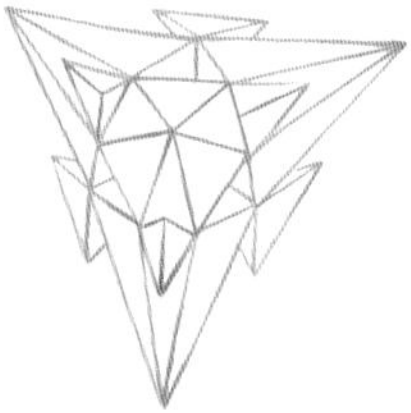

このページに描いたイラストも、ルネサンスの時代にヤムニッツァーによって描かれた多面体を参考に描いたものですが、技巧を凝らした工芸品のような複雑なかたちをしています。

ルネサンスの時代に描かれた多面体は、数学的なシンプルさよりも、見た目の複雑さや華やかな美しさを追い求めているような雰囲気が感じられます。

※ 印刷技術の発展と数学

ルネサンスの時代に多面体の研究が盛んに行われた理由の1つには、印刷技術の発達も影響していたと考えられます。

ヨーロッパでは15世紀に紙の製法が伝わるとともに、ヨハネス・グーテンベルク（1397-1468）によって可動活字による印刷術、すなわち、活版印刷の技術が発明されました。この発明によって、それまでは手書きで作っていた本を大量に早く複製することができるようになり、一般の人々にも広く本が普及し始めます。

また、数学に関する本も出版されました。1482年にはこの印刷技術を使って、ラテン語訳の『原論』が出版されます。こうした数学書が普及するにつれて、数学の知識もまた一般に広く共有されるようになりました。

※ デューラーとニュルンベルク

アルブレヒト・デューラー(1471-1528）は、ドイツのニュルンベルク出身の美術家です。ルネサンスの時代の多面体研究を代表する人物といっても過言ではないでしょう。

デューラーは、写実的な自画像や博物画、緻密な版画作品などでよく知られていますが、その一方で、多面体や透視図法の研究も熱心に行っていました。

デューラーが生きていた時代、ニュルンベルクは交易の中心でした。多くの人や技術や情報が集まる反面、疫病もしばしば流行していました。1505年、デューラーは当時流行していた疫病から逃れるためにニュルンベルクを離れ、ヴェネチアやボローニャを訪問します。そこで透視図法や幾何学の知識を習得することとなりました。

1507年、避難先からニュルンベルクへと戻ったデューラーは、透視図法の研究に没頭し、1525年に『コンパス、定規を使った直線、平面、立体の測定の芸術に関する手引き（測定法教則)』を出版します。この本は、ヤムニッツァーをはじめとするニュルンベルクの美術家たちに多大な影響を与えました。

マゾッキオ Mazzocchio

ルネサンスの時代、透視図法の研究に関連するものとして、“マゾッキオ（Mazzocchio）”という、穴が空いたドーナツのような多面体がしばしば描かれていました。マゾッキオとは、もとは15世紀頃に流行したフィレンツェ風の帽子の“芯”のことです。

複雑なかたちをしたマゾッキオは、透視図法の理論に説得力を持たせるのにちょうどよいモチーフだったのかもしれません。枠だけのシンプルなものからトゲのあるもの、多角柱をつなげたようなものまで、技巧を凝らしたさまざまなマゾッキオが描かれました（右のイラスト）。

左のページに描いたマゾッキオは、前節「正二十面体の変化形」と同じくヤムニッツァーが描いたものを参考に描きました。トゲが多すぎて、帽子の芯には向いていないような気がしますね。

このマゾッキオは、トーラス（p.49）の大円を32個に等分したユニットでできています。今回このかたちを描く際には、はじめにトーラスを描き、大円の2等分を繰り返すことで32個のユニットに分割し、ユニットにトゲを加えていくという方法をとりました。小円の断面は、十角形になっています。

さまざまなマゾッキオ

マゾッキオの断面図

❈ ルネサンスと透視図法

ルネサンスの時代は、透視図法が大きく発展した時代としても知られています。15世紀初頭、イタリアのフィレンツェで活動していた建築家フィリッポ・ブルネレスキ（1377-1446）が、透視図法による最初の作品を描いたことが、透視図法の理論の始まりとされています。ブルネレスキが透視図法による作品を発表したあとすぐに、ブルネレスキの同僚の建築家レオン・バティスタ・アルベルティ（1404-1472）が『絵画論』を出版しました。『絵画論』は、画家に向けた透視図法の指南書でした。この時期フィレンツェにいた画家たちは、ブルネレスキやアルベルティの影響を受け、透視図法の理論をすぐさま作品に取り入れます。

イタリアの画家パオロ・ウッチェロ（1397-1475）は、幾何学や透視図法に強い関心を示し、多面体やマゾッキオを描きました。イタリアのサンマルコ大聖堂には星形多面体を表したタイルが残されていますが、このタイルはウッチェロが作ったといわれています。

アルベルティの影響を受けたイタリアの画家ピエロ・デラ・フランチェスカ（1412-1492）は、透視図法を使って多面体を正確に描く方法を『絵画の透視図法』という本に書きました。ピエロ・デラ・フランチェスカは当時画家として有名でしたが、晩年は数学の研究に没頭し、『算術論文』と『正多面体論』という2冊の数学に関する本を残しています。

また、ピエロ・デラ・フランチェスカには、ルカ・パチョーリ（1445-1517）という数学者の弟子がいました。ルカ・パチョーリは、レオナルド・ダ・ヴィンチと交流があり、ダ・ヴィンチに数学の知識を教えたといわれています。

1509年に出版されたルカ・パチョーリの本『神聖比例論』の挿絵は、レオナルド・ダ・ヴィンチによって描かれました。正多面体の項目（p.7）でご紹介した木枠風のフレームの多面体は、この挿絵を参考に描いたものです。

このように、透視図法と多面体に関連する研究の流行は、数々の書籍や美術家・数学者らの交流によってイタリアから徐々にヨーロッパ中へと広がっていったのです。

❈ 遠近法と透視図法

“遠近法”とは、三次元の空間を二次元の紙の上に、物体の遠近や大小などの関係を保ったまま描き、表現する技法のことです。

一般的には、正多面体の項目（p.7）でもご紹介した透視図法を指しますが、ほかにもいくつか種類があります。

たとえば空気遠近法では、遠いものはぼんやりと、近くのものははっきりと描きます。連なった山々など、遠くの景色を描くときなどに特に効果を発揮する技法です。

ルネサンスの時代の美術家たちは、正確な透視図法のみで描いた作品は不自然なものになってしまうことに早くから気がついていました。

透視図法は理論的でわかりやすく、一度覚えてしまえば比較的簡単に使えるテクニックです。しかし、正確な透視図法を使ったからといって良い作品になるとは限りません。

そのため、より自然に見えるように、空気遠近法などのほかの遠近法と透視図法を組み合わせて表現することもありました。また、場合によっては透視図法の正確さよりも絵の全体のバランスを優先するなど、優れた作品を描くための試行錯誤をしていたようです。

透視図法はあくまでも絵画を構成する要素の1つなのです。

第2部

曲線と曲面

曲線と曲面には、思いがけない驚きが満ちています。
ここでは、数式で表せるかたちもいくつか登場しますが、
応用すると少し変わったかたちを作ることもできます。
なめらかで柔らかいかたちの変化を、
どうぞ楽しんでみてください。

回転面 Surface of revolution

1本の軸を中心に曲線（直線も曲線に含めます）を回転させるとできる曲面を回転面といいます。このとき、回転させる曲線を“母線”といいます。よく知られているものでは、円柱面や円錐面が挙げられるでしょうか。

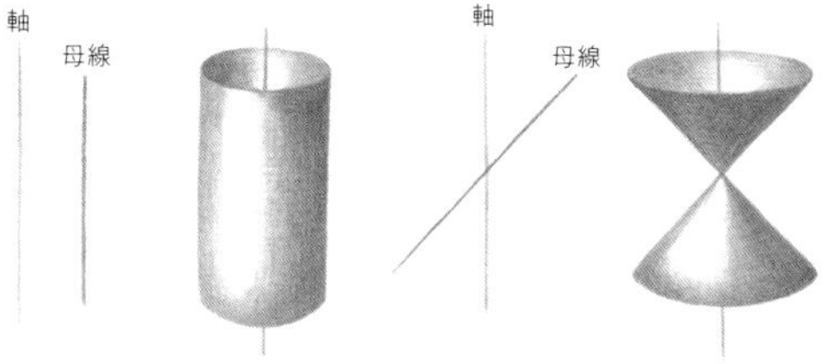

円柱面と円錐面

たとえば円柱面は、軸と平行な直線を回転させると作ることができます。また、軸に対して母線を少し傾けて交差させると円錐面を作ることができます。

左ページに描いた回転面は、

$$
y = 2\cos^2 x + \cos x \\
-3\pi \leqq x \leqq 3\pi
$$

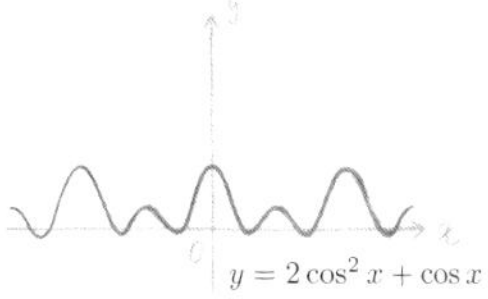

を母線として、y軸を中心に回転させるとできる回転面で、以下の数式で表すことができます。

$$
\begin{cases}
x = u\cos v \\
y = 2\cos^2 u + \cos u \\
z = u\sin v
\end{cases}
$$
$$
-3\pi \leqq u \leqq 3\pi,\ 0 \leqq v \leqq 2\pi
$$

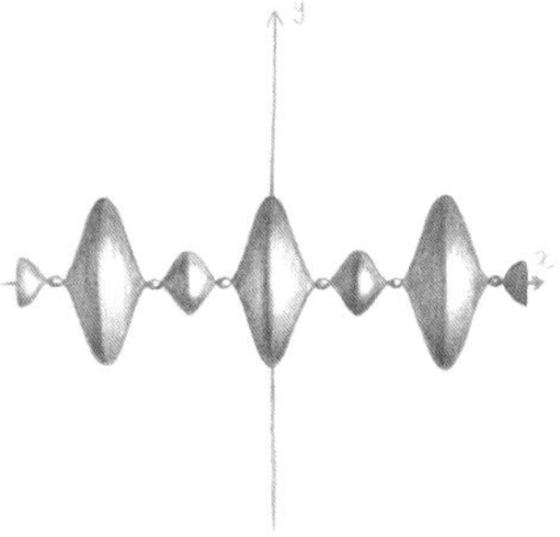

回転の軸をどこに設定するかによって、回転面のかたちは変わります。たとえば、回転の軸をx軸にすると、右のイラストのようなかたちになります。

※ 媒介変数で表す回転面

回転面は媒介変数で表すことができます。

(x, y)平面上にある曲線

$$\begin{cases} x = f(u) \\ y = g(u) \end{cases}$$

を母線、y軸を回転軸として考えたとき、回転面は、

$$\begin{cases} x = f(u)\cos v \\ y = g(u) \\ z = f(u)\sin v \end{cases}$$

となります。

例として、円錐面を考えてみましょう。円錐面は傾いた直線を回転させることでかたちを作ることができます。そこで、今回は$y = x$を母線、y軸を回転軸として考えます。

この直線は媒介変数を使うと、

$$\begin{cases} x = f(u) = u \\ y = g(u) = u \end{cases}$$

と表すことができます。

これを、回転面の数式に代入すると、

$$\begin{cases} x = u\cos v \\ y = u \\ z = u\sin v \end{cases}$$

となります。

この数式でグラフを描くと、円錐面のできあがりです。

❈ いろいろな回転面

今度は、放物線を回転させてみましょう。右のイラストにあるような放物線をy軸のまわりに回転させると、どのような曲面ができるでしょうか。

放物線

$$y = \frac{x^2}{4a}$$

を母線として考えます。

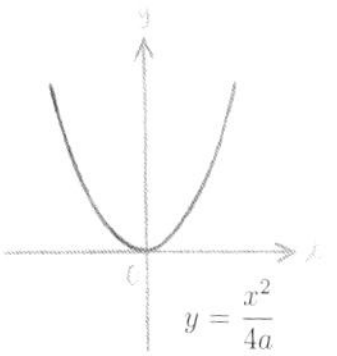

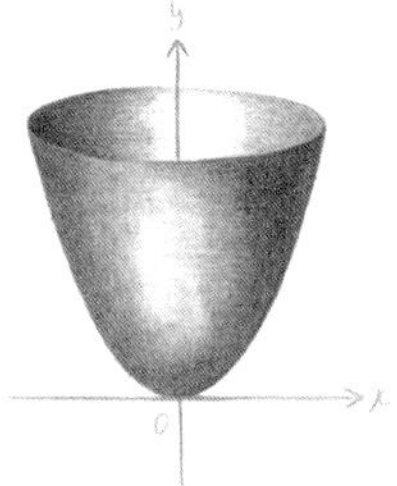

この放物線は媒介変数を使うと

$$\begin{cases} x = f(u) = 2au \\ y = g(u) = au^2 \end{cases}$$

と表すことができます。

これを回転面の数式に代入すると、細長いお椀のような曲面を描くことができます。このかたちは、放物面と呼ばれています。

では、円をy軸のまわりに回転させると、どのような曲面になるでしょうか。円は媒介変数を使うと、

$$\begin{cases} x = f(u) = a + r\cos u \\ y = g(u) = b + r\sin u \end{cases}$$

$$0 \leqq u \leqq 2\pi$$

と表すことができます。このとき、(a, b)は円の中心の位置、rは円の半径を表しています。この数式を回転面の数式に代入してグラフを描くと、球面やトーラスを作ることができます。球面やトーラスも回転面の仲間です。

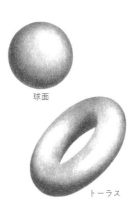

球面

トーラス

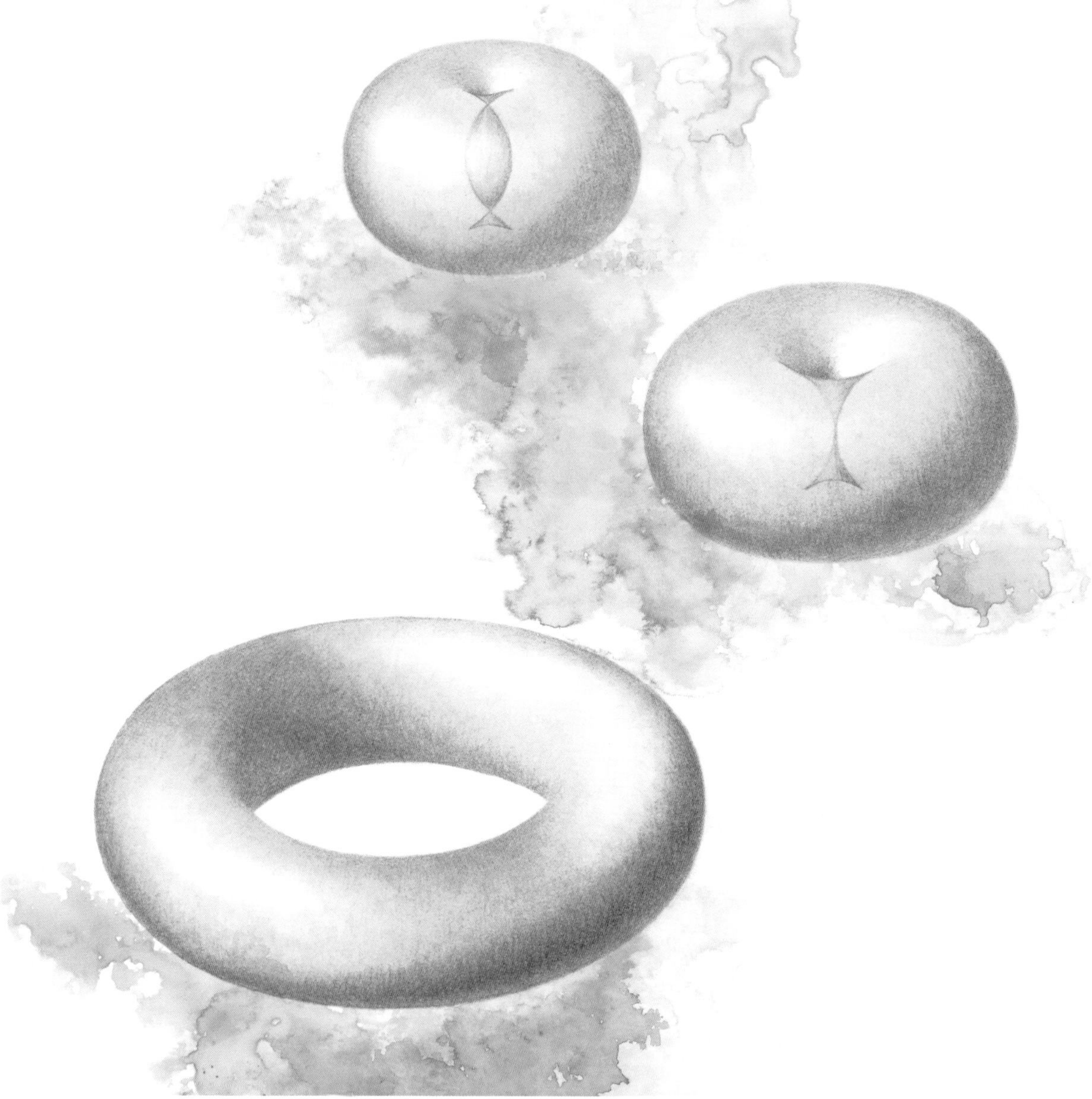

トーラス Torus

中央に穴が空いているかたちは、まるでドーナツのようですね。左のページに描いたかたちは、トーラスと呼ばれています。

トーラスは、数式でかたちを表すことができます。媒介変数を使うと、以下の数式でトーラスのグラフを描くことができます。

$$\begin{cases} x = (R + r\cos u)\cos v \\ y = r\sin u \\ z = (R + r\cos u)\sin v \end{cases}$$

$0 \leqq u \leqq 2\pi,\ 0 \leqq v \leqq 2\pi,\ R > 0,\ r > 0$

このとき、Rは原点からトーラスの筒状の部分の中心までの距離、rは筒状の部分の半径になります。

右のイラストのように、数式のRとrの関係でトーラスのかたちが変わります。$R > r$のときはリングトーラス、$R = r$のときはホーントーラス、$R < r$のときはスピンドルトーラス、$R = 0$のときは球面になります。

左のページに描いたトーラスは、上記の数式を使って少しずつかたちを変化させたものです。

かたちの変化がわかるように、内側が透けて見えるようなイメージで描いています。

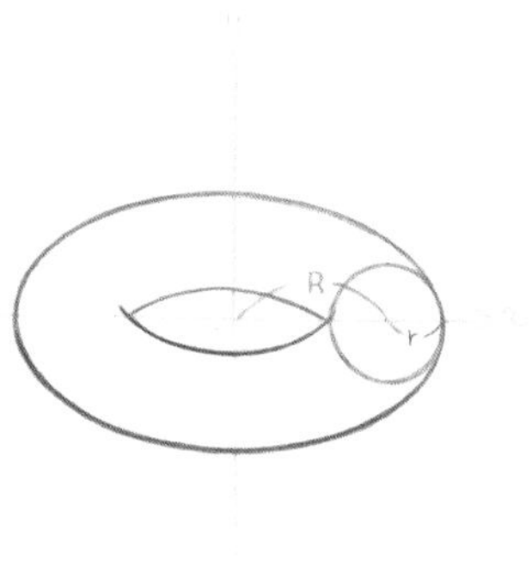

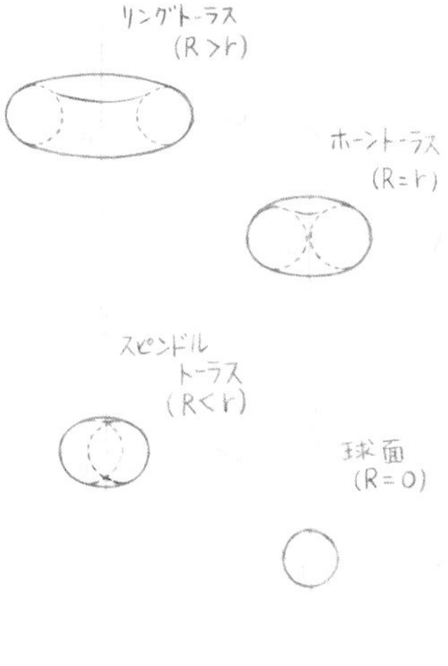

Rとrの関係によるかたちの変化

❈ ヴィラソーの円

トーラスを観察していると、いくつもの円がかくれていることに気がつきます。トーラスを切ったときに、切り口が円に見える切り方がいくつあるのかを考えてみましょう。

1つ目は、トーラスを垂直に切ったときですね。トーラスを回転面として考えたときに、母線になる円が切り口に現れます。このとき現れる円は、経線（メリディアン）と呼ばれます。

そして2つ目は、水平に切ったときに大きな円が現れます。このとき現れる円は、緯線（ロンジチュード）と呼ばれます。

この2つの切り方がすべてのような気がしますが、ここで少し視点を変えてみましょう。

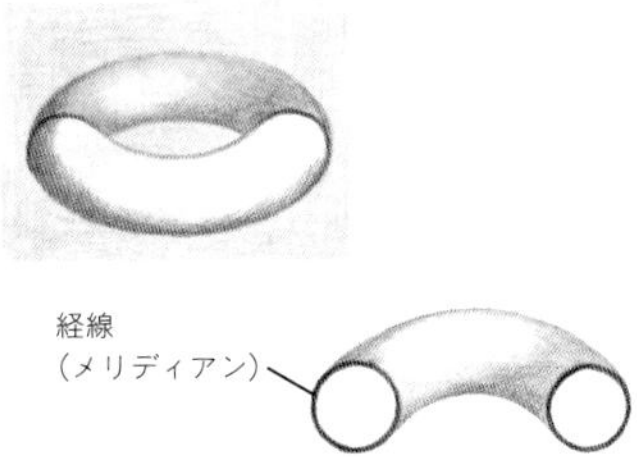

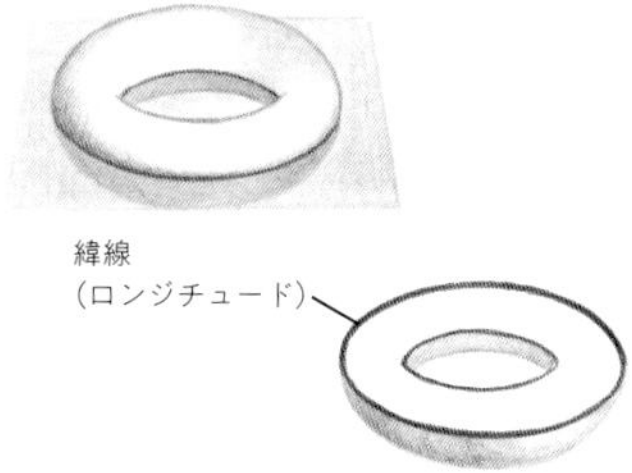

トーラスを穴に沿った平面で斜めに切ってみます。すると、その断面には2つの円が現れます。この2つの円は、フランスの天文学者で数学者のアントワーヌ・イヴォン・ヴィラソー(1813-1883）にちなんでヴィラソーの円と呼ばれています。

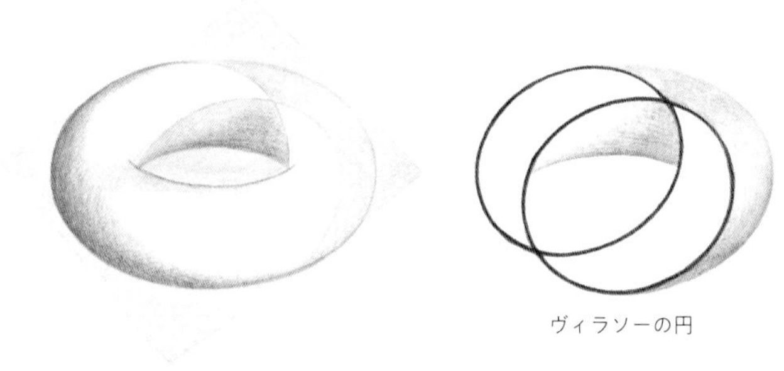

※ トポロジーとトーラス

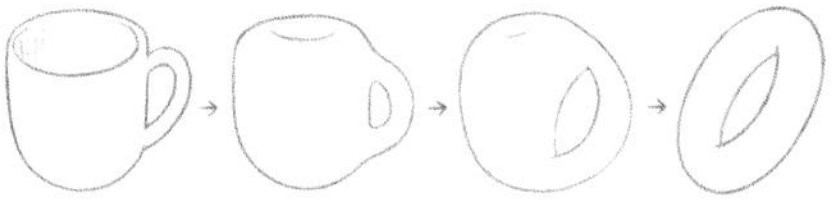

数学にはトポロジー（位相幾何学）という分野があります。“柔らかい幾何学”とも呼ばれているトポロジーでは、かたちを変化させても変わらない性質を扱います。

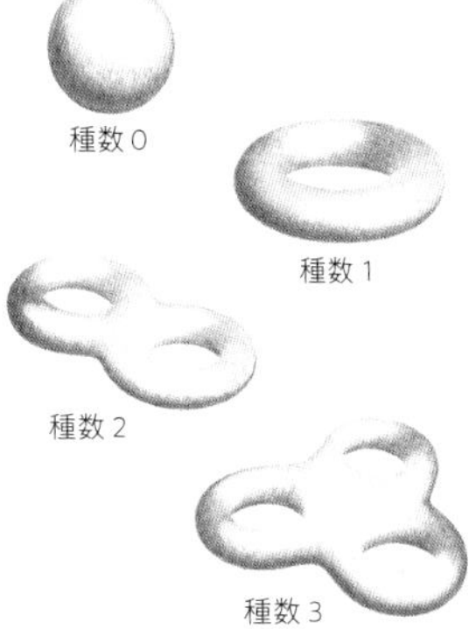

トーラスはトポロジーでもよく扱われるかたちです。たとえば、コーヒーカップとトーラスは、右上のイラストのようにグニャグニャと変形させると、“穴が1つある同じかたち”になると、トポロジーでは考えます。コーヒーカップとトーラスが同じかたちになるなんて、なんだか不思議ですね。

このとき残った穴の数を“種数”といいます。球や凸多面体は穴が空いていないので種数は0になります。コーヒーカップやトーラスのような、穴が1つのかたちは種数1、メガネのフレームや穴が2つのトーラスのような、穴が2つのかたちは種数2となります。

※ トーラスの展開図

トポロジーではトーラスの展開図を考えることもあります。

右のイラストの上段にある、四角形に矢印を書いたものが、トーラスの展開図です。この四角形の展開図を変形させて、それぞれの矢印の向きを合わせて貼り合わせてみましょう。すると、ドーナツ型のトーラスを作ることができます。

では、穴が複数ある場合はどのような展開図になるのでしょうか。右のイラストの下段にある、八角形に矢印を書いたものが、穴が2つあるトーラスの展開図になります。

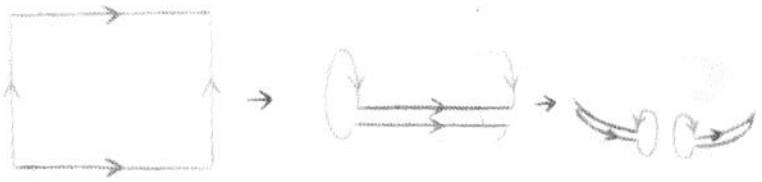

トーラスの展開図

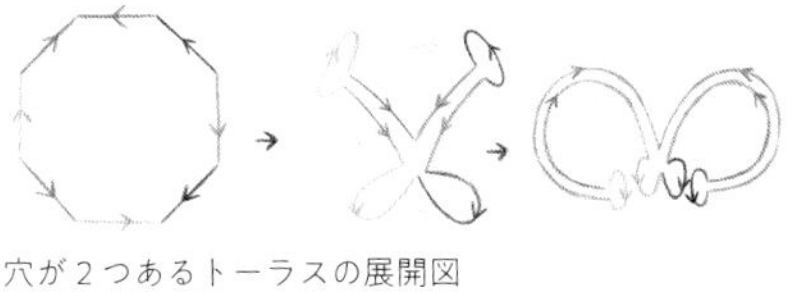

穴が２つあるトーラスの展開図

アステロイドトーラス Astroid torus

回転面の数式を応用すると、少し変わったかたちのトーラスを作ることができます。左ページに描いたトーラスは、アステロイドを母線としてy軸のまわりに回転させたものです。

母線になるアステロイドは、以下の数式で表すことができます。

$$\begin{cases} x = R + r\cos^3 u \\ y = r\sin^3 u \end{cases}$$

この数式をトーラスの数式に代入すると、アステロイドトーラスを描くことができます。

$$\begin{cases} x = \left(R + r\cos^3 u\right)\cos v \\ y = r\sin^3 u \\ z = \left(R + r\cos^3 u\right)\sin v \end{cases}$$

$$0 \leqq u \leqq 2\pi,\ 0 \leqq v \leqq 2\pi,\ R > 0,\ r > 0$$

このとき、Rはアステロイドトーラスの穴の中心からアステロイドの中心までの距離、rはアステロイドの半径になります。

アステロイドはギリシア語の星（aster）が語源で、日本語では星芒形ともいいます。

アステロイドトーラスは断面がアステロイドになっており、4つの曲面が合わさったようなかたちと見ることもできます。どこか多面体のようでもありますね。双曲空間で見たときの多面体（p.31）にも似ているでしょうか。アステロイドの頂点の部分が薄い刃のように見えるところも特徴的です。

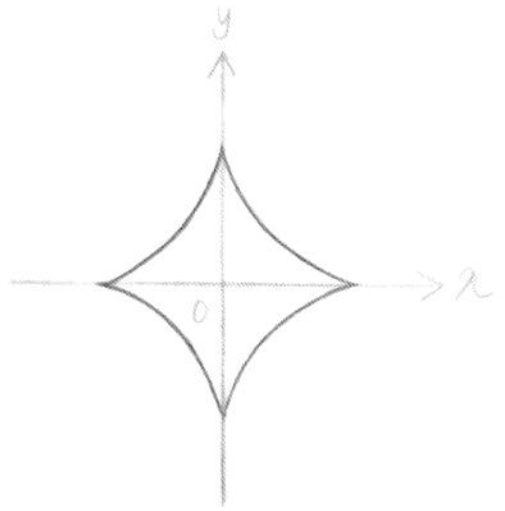

※ さまざまなサイクロイド

アステロイドは、内サイクロイドの1つです。内サイクロイドについての説明の前に、まずは、サイクロイドについて見てみましょう。

円が直線上を転がるときに、円周上に固定された点が描く軌跡をサイクロイドといいます。1599年にイタリアの物理学者ガリレオ・ガリレイ（1564-1642）によってはじめて研究され、サイクロイドという名前がつけられました。サイクロイドの研究は、17世紀の数学者の間でしばしば激しい議論となったことから“幾何学者のヘレネ（The Helen of Geometers)”とも呼ばれているそうです（ヘレネとは、ギリシア神話においてトロイア戦争の原因となった女性の名です)。

サイクロイドは、転がる円の半径をa、回転角をθとすると、以下の数式で表すことができます。

$$\begin{cases} x = a(\theta - \sin\theta) \\ y = a(1 - \cos\theta) \end{cases}$$

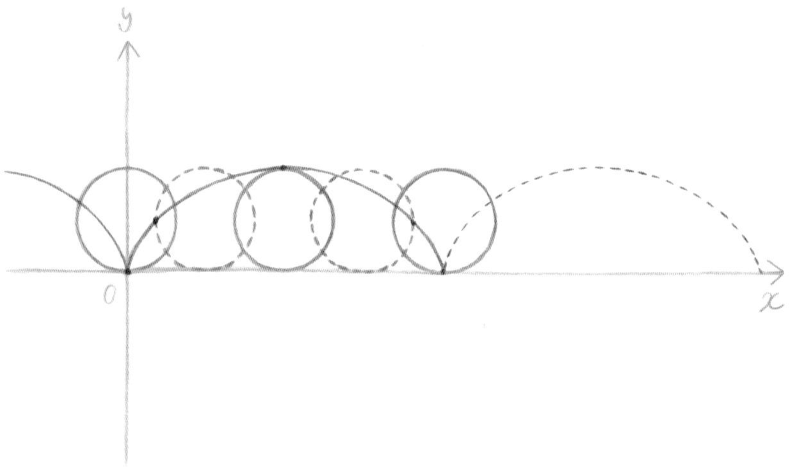

サイクロイドは直線上を転がる円の場合だけでなく、円周上を転がる円の場合でも考えることができます。

定円に外接するように円が転がるとき、転がる円の円周上にある点が移動する軌跡を“外サイクロイド”といいます。

定円の半径をa、転がる円の半径をb、回転角をθとした場合、以下の数式で外サイクロイドを描くことができます。

$$\begin{cases} x = (a+b)\cos\theta - b\cos\dfrac{a+b}{b}\theta \\ y = (a+b)\sin\theta - b\sin\dfrac{a+b}{b}\theta \end{cases}$$

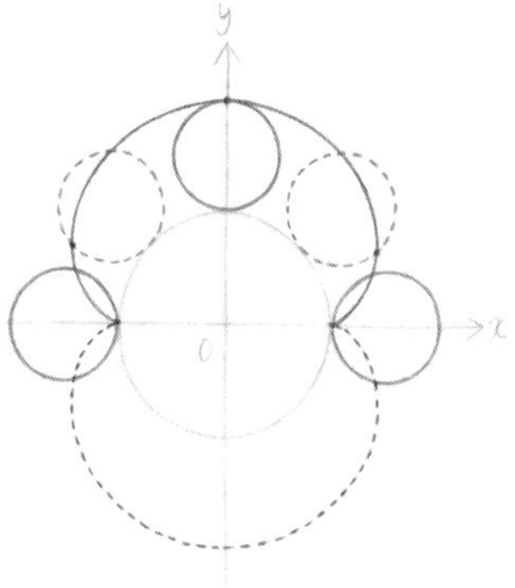

また、定円に内接するように円が転がるとき、転がる円の円周上にある点が移動する軌跡を“内サイクロイド”といいます。

定円の半径をa、転がる円の半径をb、回転角をθとした場合、以下の数式で内サイクロイドを描くことができます。

$$\begin{cases} x = (a-b)\cos\theta + b\cos\dfrac{a-b}{b}\theta \\ y = (a-b)\sin\theta - b\sin\dfrac{a-b}{b}\theta \end{cases}$$

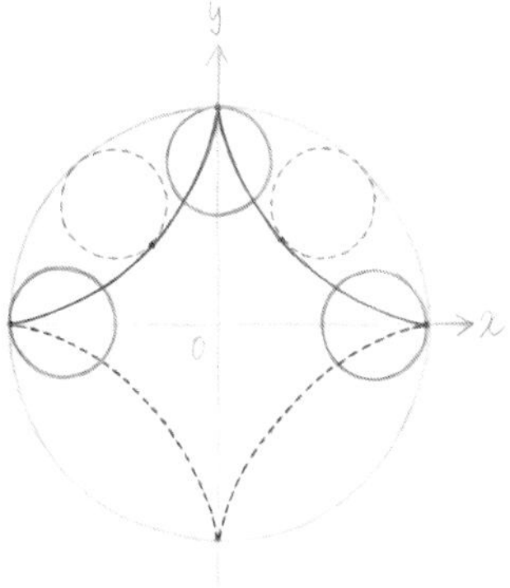

外サイクロイドや内サイクロイドのかたちは、大きな円と小さな円の半径の大きさの比によって決まります。$a/b=4$のとき、内サイクロイドはアステロイドになります。

バラ曲線 Rhodonea curve

バラ曲線（Rhodonea curve）は、18世紀にイタリアの数学者ルイージ・グイド・グランディ（1671-1742）によって名づけられました。Rhodoneaとはラテン語でバラのことです。見た目がバラのようだったから、というのが名前の由来といわれています。

バラ曲線は極方程式

$r = a\sin n\theta$ または $r = a\cos n\theta$

で表すことができます。nの数が偶数のときは花びらの枚数が$2n$枚に、奇数のときは花びらの枚数がn枚になります。

左ページの絵は、バラ曲線の数式でできるかたちをいくつか組み合わせて描きました。揺れる花のようなイメージです。

バラ曲線は、スピログラフでも描くことができます。スピログラフとは、歯車がついている特殊な定規です。小さな歯車に空いている穴に鉛筆を差し込んで、定規本体に空けられた大きな穴の内側についている歯と歯車を噛み合わせるように動かすと、花のような曲線を手軽に描くことができます。

バラ曲線を見ていると、スピログラフで遊んだ思い出がよみがえります。

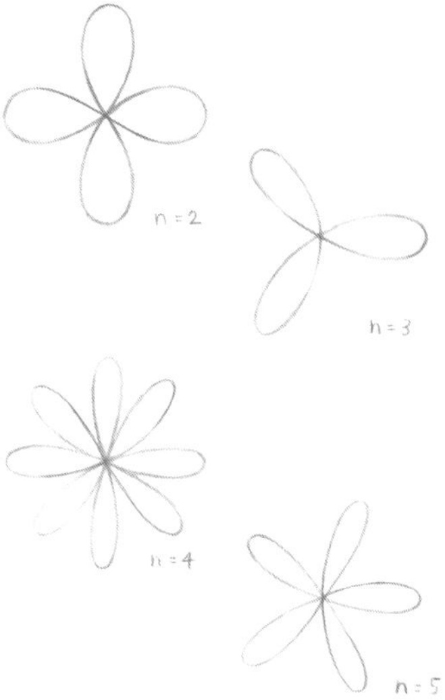

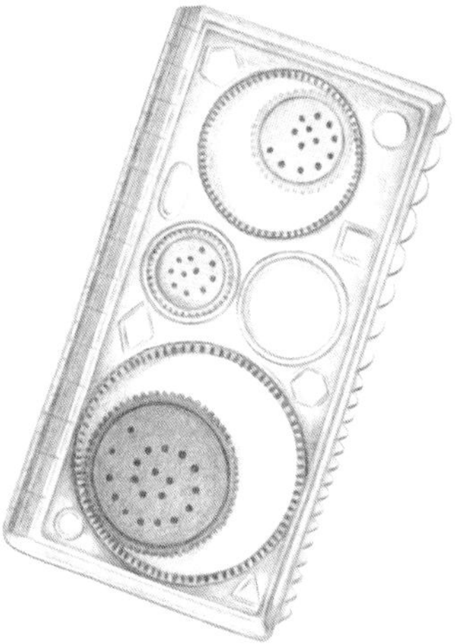

スピログラフ

※ 直交座標と極座標

バラ曲線は極方程式を使うとシンプルな数式で表すことができます。極方程式とは、極座標で扱う方程式のことです。

この本に登場する回転面の数式やトーラスの数式は、直交座標で表されたものです。x、y、z軸がそれぞれ直交している座標軸で表される座標を“直交座標”といいます。直交座標の概念を最初に考え出したフランスの数学者ルネ・デカルト（1596-1650）にちなんで“デカルト座標”とも呼ばれています。

数学には、直交座標のほかにもいろいろな座標があります。そのうちの1つが“極座標”です。極座標はスイスの数学者ヤコブ・ベルヌーイ（1654-1705）によって考え出されました。

極座標では距離と角度で位置を表します。極座標上の点Pは(r,θ)で表され、rは原点Oからの距離、θはx軸の正の部分と直線OPのなす角を示しています。

直交座標で(x,y)、極座標で(r,θ)と表される点が同一の点であるとき、

$$\begin{cases} x = r\cos\theta \\ y = r\sin\theta \end{cases}$$

という関係が成り立ちます。

この関係から、バラ曲線の極方程式は直交座標で

$$\begin{cases} x = a\sin n\theta\cos\theta \\ y = a\sin n\theta\sin\theta \end{cases}$$

と表すことができます。

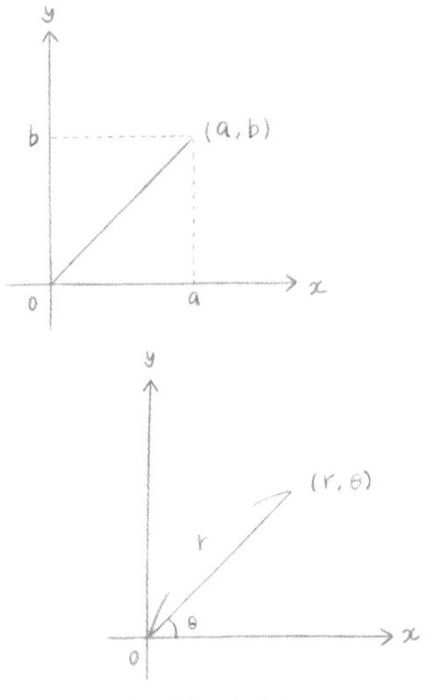

直交座標と極座標

❖ バラ曲線の花びらの変化

バラ曲線の数式の定数nをr/sとしたとき、r/sが有理数の場合は、右のイラストのような少し変わったかたちのバラ曲線を描くことができます。

r/sが無理数の場合は、曲線が閉じることがないため、花びらの枚数が無限になります。

また、バラ曲線の数式を

$$r = a \sin n\theta + C$$

と変化させると、二重咲きのバラ曲線や、花びら同士がつながったバラ曲線を表すこともできます。

バラ曲線の数式はシンプルなので、数式とかたちの関係を考えながら、複雑なかたちを手軽に作ることができます。好きな数を入れてどのようなかたちができるのかグラフアプリなどで試してみるとおもしろいです。また、回転面の数式（p.46）を応用すると、バラ曲線を回転させて曲面を作ることもできます。

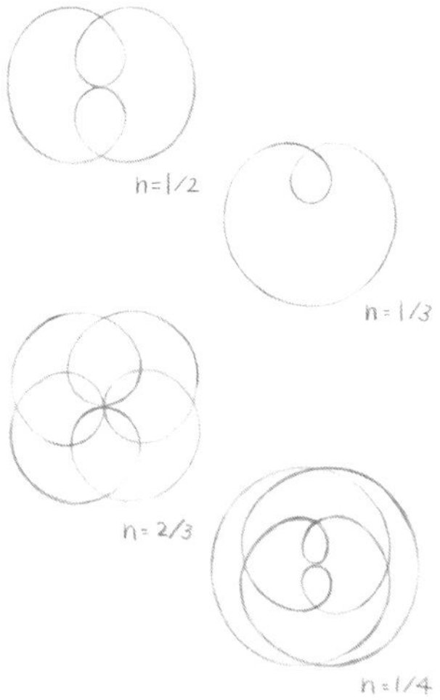

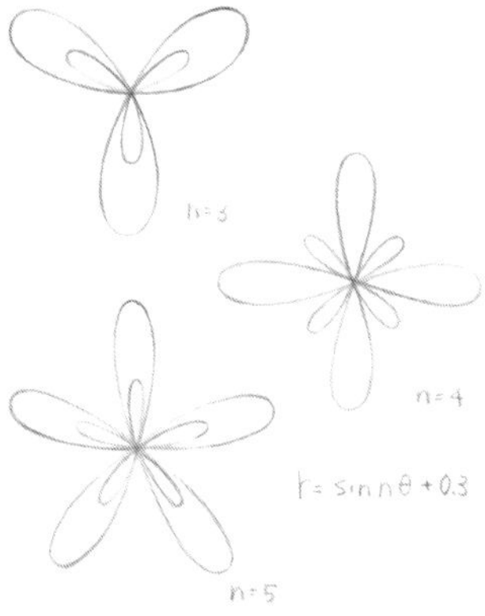

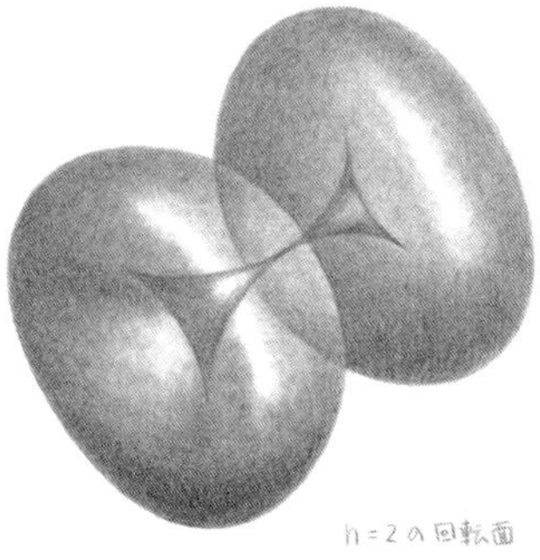

アルキメデスの螺旋でできるかたち Curved surface of Archimedes spiral

アルキメデスの螺旋は、等間隔でぐるぐると渦巻いているかたちが特徴的な、らせんです。紀元前255年頃に書かれたアルキメデスの著書『らせんについて』で扱われていたことでも知られています。アルキメデス（紀元前287？-紀元前212）は半正多面体（p.11）の節でも登場した古代ギリシアの数学者です。

アルキメデスの螺旋は極方程式で$r = a\theta$と表すことができます。これをx、yの直交座標に変換すると

$$\begin{cases} x = a\theta\cos\theta \\ y = a\theta\sin\theta \end{cases}$$

となります。

左ページに描いた曲面は、上記の数式を応用してできる曲面で

$$\begin{cases} x = u\cos u \\ y = u\sin u \\ z = 8v \end{cases}$$

$$0 \leqq u \leqq 30,\ 0 \leqq v \leqq 1$$

で表すことができます。

ロープやホースなど一定の厚みのものを平らに巻いていくと、アルキメデスの螺旋ができます。渦巻のキャンディやパン、ソーセージなど、食べ物でもアルキメデスの螺旋に似たかたちを見かけることがありますね。蚊取り線香や時計に使われるゼンマイばねも、アルキメデスの螺旋といえるでしょうか。左ページに描いたかたちは、ゼンマイばねによく似ています。生活の中で目にすることが多いため、アルキメデスの螺旋は“人の営みに近いらせん”ともいえるかもしれません。

❖ 代数螺旋

代数螺旋とは、極方程式で

$$r = a\theta^n$$

と表すことができるらせんです。

このとき、$n = 1$の場合はアルキメデスの螺旋、$n = 1/2$の場合は放物螺旋、$n = -1$の場合は双曲螺旋、$n = -1/2$の場合はリチユースと呼ばれています。放物螺旋は、フェルマーの螺旋とも呼ばれています。

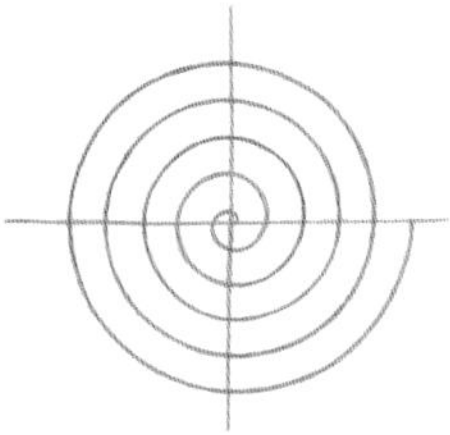
アルキメデスの螺旋

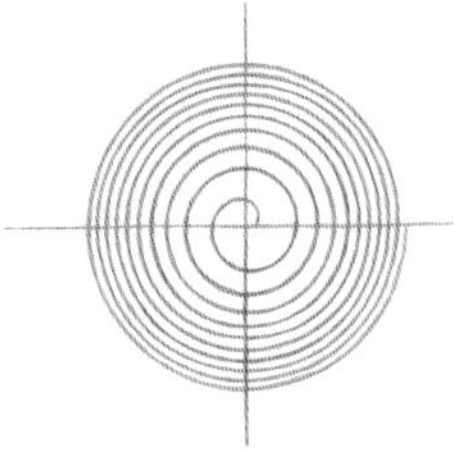
放物螺旋

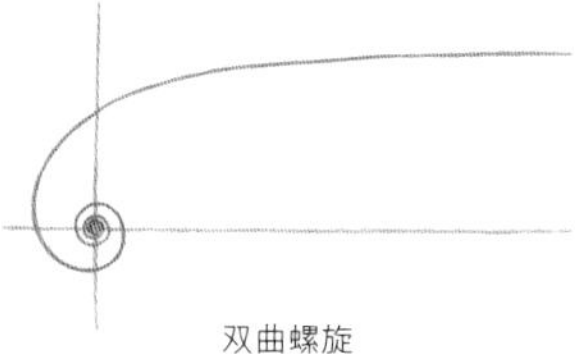
双曲螺旋

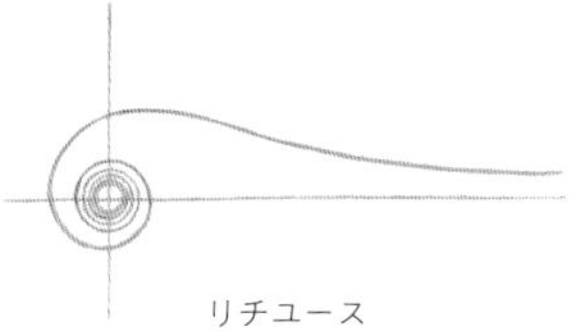
リチユース

❖ spiralとhelix

“spiral”は平面曲線のらせん、“helix”は空間曲線のらせんを指します。日本語ではどちらも“らせん”となってしまうため、混乱を避けるために“spiral”を“うずまき線”、“helix”を“つるまき線”と呼ぶこともあるようですが、少々ややこしいですね。

ところで、数学では、曲線がどれくらい平面から離れているかを表す量として、捩率(れいりつ)を考えます。捩率を使うと、

- “spiral”（平面曲線のらせん）は捩率が0であるもの
- “helix”（空間曲線のらせん）は捩率が0でないもの

と考えることができます。

空間曲線のらせん

❈ 古代ギリシアのねじ

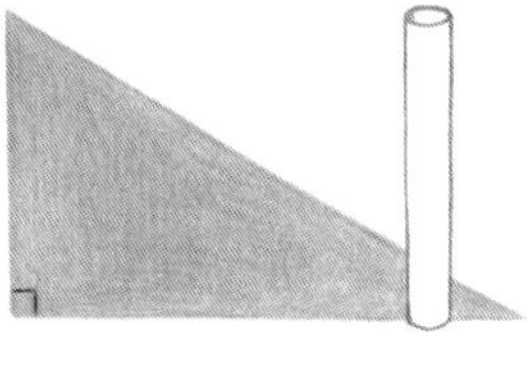

空間曲線のらせんを使った身近なかたちの代表といえば“ねじ”が挙げられるでしょう。

ねじの歴史は古代ギリシアまでさかのぼることができます。古代ギリシアでは、ブドウやオリーブを絞るための圧搾機に大きなねじが使われていました。圧搾機のねじを作るときには、直角三角形の薄い金属の型板が用いられました。円柱や木の棒に直角三角形を巻きつけていくと、斜辺がきれいならせんを描きます。そのらせんに沿ってねじ山を彫ると、ねじを作ることができます。

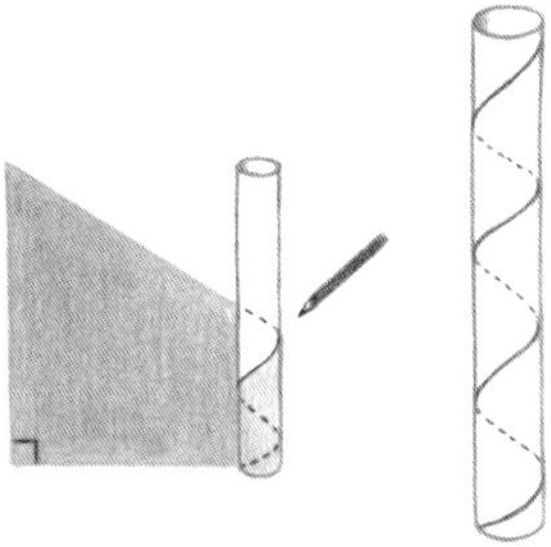

❈ アルキメディアン・スクリュー

アルキメディアン・スクリューとは、揚水用のスクリューポンプです。らせん構造を機械に使用した最初の例とされ、その名のとおり、古代ギリシアの数学者アルキメデスが発明したといわれています。管の内部にらせん状のスクリューがあり、スクリューが回転することによって底面から水をくみ上げます。

アルキメデスの時代では装置全体を回転させて水をくみ上げるという仕組みでしたが、現代では内部のスクリューだけを回転させる仕組みが主流になっています。スクリューコンベアや水力発電などでいまも使われている仕組みです。

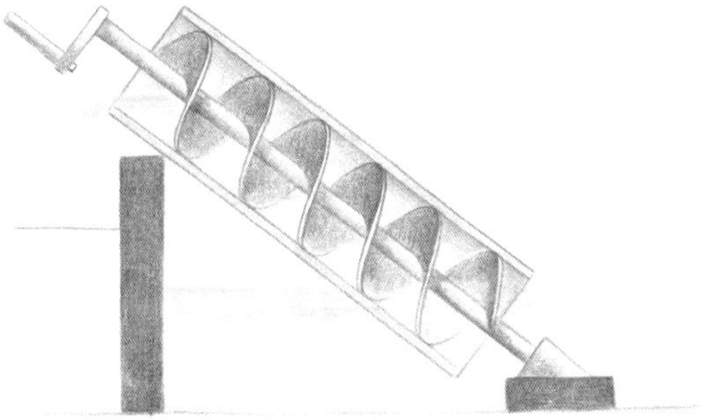

対数螺旋でできるかたち Curved surface of logarithmic spiral

左のページに描いた曲面は、対数螺旋の数式をもとに作りました。この曲面は以下の数式で表すことができます。

$$\begin{cases} x = (1.5 + 1.5\cos v)\, e^{0.08u} \cos u \\ y = (1.5 + 1.5\cos v)\, e^{0.08u} \sin u \\ z = -7e^{0.08u} \end{cases}$$

$$-50 \leqq u \leqq -1,\ 0 \leqq v \leqq \pi$$

対数螺旋は、等角螺旋やベルヌーイの螺旋とも呼ばれており、自然界に多く見られるらせんです。貝殻や動物の角など、成長するにしたがって大きい部分を追加していくようなかたちに見ることができます。

対数螺旋は、極方程式で$r = ae^{b\theta}$となります。これを、x、yの直交座標に変換すると

$$\begin{cases} x = ae^{b\theta} \cos\theta \\ y = ae^{b\theta} \sin\theta \end{cases}$$

と表すことができます。

このとき、eはネイピア数、a、bは実数です。$b > 0$のときは左回り、$b < 0$のときは右回り、$b = 0$のときは半径aの円になります。

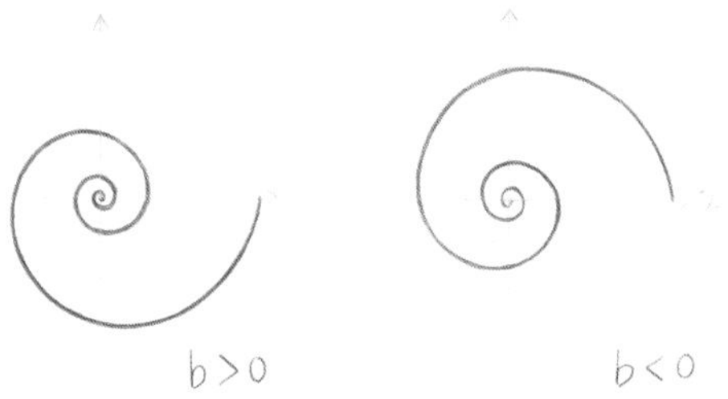

左回り、右回りの対数螺旋

浜辺を歩いていると、時折、巻貝の芯だけが残ったものを見つけることがあります。左のページに描いたかたちは、ちょうどそのような巻貝の芯を連想させます。

繰り返す円盤状の層から、フラクタルの特徴を発見した方もいるかもしれません。対数螺旋は、自己相似図形の一種といえます。

※ 対数螺旋の名前の由来

“対数”螺旋という名前なのに、指数関数で表されているのは不思議ですね。対数螺旋は

$$\theta = \frac{1}{b}\log\frac{r}{a}$$

と表すこともできます。

歴史的に見ると、指数関数による表現よりも対数関数による表現のほうが先に知られていたため、対数螺旋と呼ばれるようになったようです。

※ ネイピア数“e”

対数螺旋の数式に登場するeという記号は、自然対数の底(てい)で、ネイピア数と呼ばれています。eは無理数であり、πのような超越数です。超越数とは、整数係数の多項式による方程式の解とはならない複素数のことです。

$$e = \lim_{n\to\infty}\left(1+\frac{1}{n}\right)^n$$
$$= 2.71828\ 18284\ 59045\ 23536\ 02874\ 71352\ 66249\ 77572\ 47093\ \cdots$$

と続きます。もとは経済学の複利計算の研究から生まれたeですが、その後さまざまな分野で使われるようになりました。

eの記号は、1727年にスイスの数学者レオンハルト・オイラー(1707-1783) がはじめて使いました。この記号は「指数（exponential)」という言葉がもとになっているのではないかと考えられています。

ところで、数学においてとりわけ素晴らしい定理とされており、時折文学作品にも登場するオイラーの等式

$$e^{i\pi} + 1 = 0$$

にもeが登場していますね。

※ 貝殻のかたち

貝殻のかたちには、カタツムリのようなもの、サザエのようなもの、ハマグリのようなものなど、さまざまなかたちがありますが、どれも以下の同じ数式を使って作ることができます。

$$\begin{cases} x = (h + a\cos v)\, e^{wu} \cos cu \\ y = R\,(h + a\cos v)\, e^{wu} \sin cu \\ z = (k + b\sin v)\, e^{wu} \end{cases}$$

$u_{\min} \leqq u \leqq u_{\max},\ 0 \leqq v \leqq 2\pi$

このとき、a、b、c、h、k、wに入れる数でかたちが変わります。Rは渦巻の方向を決める定数で、－1か1を代入します。

この節の最初に登場した曲面も、この数式を応用して作った曲面です。

※ 渦巻銀河と対数螺旋

宇宙に輝く銀河には、楕円銀河やレンズ状銀河、渦巻銀河や棒渦巻銀河などさまざまなかたちがあります。その中でも渦巻銀河には、渦のかたちが対数螺旋に近いかたちになっているものがあります。

うお座にあるM74渦巻銀河などのように、渦の中心軸が地球のほうを向いていて、渦巻の腕のかたちが比較的はっきりしているものであれば、その様子を観測することができます。M74渦巻銀河は、対数螺旋を2つ重ねたようなかたちになっています。

ペルコ対 Perko pair

数学で扱う結び目は、両端がつながっているものを扱います。“同じかたちに変形できる”ものは同じ結び目として考え、交点の数が最小になるように変形したときの交点の数を“結び目の交点数”といいます。

結び目の研究者たちは、結び目の交点数から結び目を分類し、一覧表を作りました。

左のページに描いた2つの結び目は、アメリカの数学者デール・ロルフセン（1942-）が作った結び目の表の10_{161}と10_{162}に並んでいます。また、アメリカの数学者チャールズ・ニュートン・リトル（1858-1923）が1885年に発表した結び目の表にも、別々の結び目として記載されています。

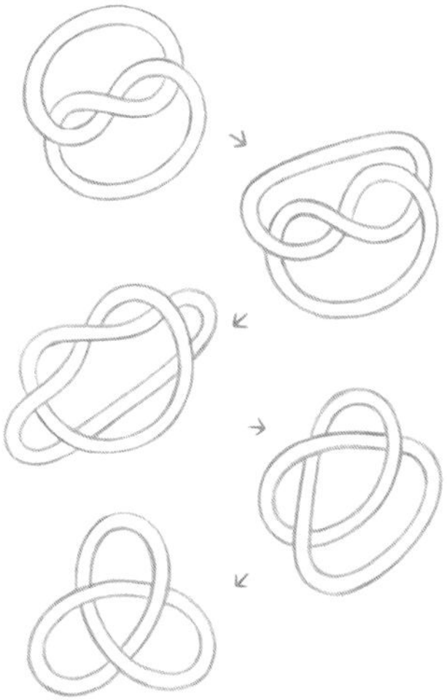

結び目の変形

研究者たちは、長い間この2つの結び目を異なる結び目として考えていました。しかし1973年、この2つの結び目は“同じかたちに変形できる”ということが、弁護士でトポロジーの研究者でもあったケネス・ペルコ（生没年不詳）によって発見されました。そのため、この2つの結び目はペルコ対と呼ばれています。

左ページの絵は、少しずつ色が変わっていく植物のイメージで描きました。植物を育てていると、たとえばピーマンの色が緑から赤へと日に日に変わっていく様子を見ることがあります。そのイメージをもとに、ペルコ対が同じかたちだったとわかるまでの時間の経過を、色の変化で表したいと考えました。また、同じ結び目であることを暗示するために、2つの結び目は横に並べた構図になっています。

❈ 結び目の分類

数学の結び目は、トポロジーで扱うかたちです。そのため、切り離したりしなければ、グニャグニャとかたちを変形させてもよいことになっています。

下のイラストは、交点の数が7までの結び目の分類表です。分類表の結び目のそれぞれに振ってある番号のうち、大きいほうは交点の数、小さいほうは何番目の結び目なのかということを表しています。

このように分類された結び目のうち交点の数が16以下の結び目として知られているものの数は、現在170万を超えるそうです。

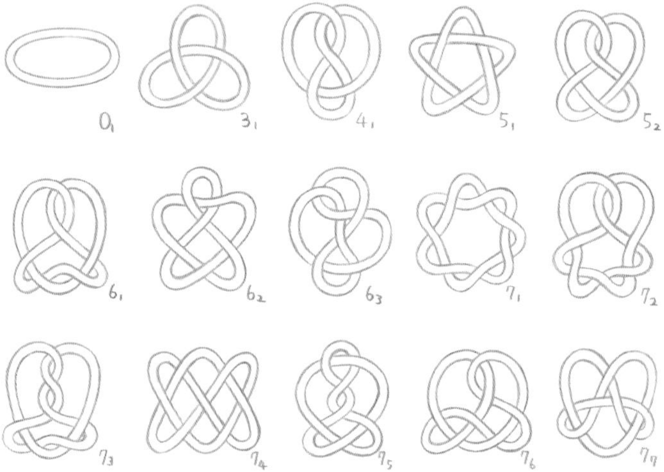

交点数7までの結び目の分類表

❈ 結び目と文化

“ひもを結ぶ”という行為と人類の文化の歴史は、切っても切り離せないほど古くからつながっているといっても過言ではないでしょう。

世界中でさまざまな飾り結びを見ることができますし、ときには“結縄(けつじょう)”のように情報を伝達する手段として結び目を扱うこともありました。

紀元前のヨーロッパでケルト人が生んだケルト文化には、数学の結び目によく似た文様が登場します。8世紀頃にアイルランドで制作された、ケルト文化を代表する装飾写本『ケルズの書』には、精緻で美しい結び目文様がびっしりと描かれています。幾何学的な結び目文様だけでなく、猫のしっぽや鳥の羽、ときには人の手足までもが細長く絡み合い、複雑な結び目となって描かれています。眺めていると「なぜここまで複雑に結んでしまったのだろう？」と思うようなものもあり、その発想には驚かされます。これらケルトの結び目を数学の視点から研究している研究者もいます。

普段の生活の中でも、ネクタイやリボン、靴紐のような結び目はよく見かけます。右下に描いたイラストは、神社のお守りや、お祝いの水引などに見られる結び目です。

日常で見かけるこれらの結び目は、端がつながっていないものがほとんどですが、数学で扱う結び目も、発想の原点は日常のこうしたなにげないものだったのだろうと想像します。

身の回りを探してみると、意外とたくさんの結び目を発見できると思います。結び目を見つけたときは、ぜひ数学の結び目も思い出してみてください。かたちを変形させたり、交点の数を数えてみたり、じっくり観察すると新たな発見があるかもしれません。

セパタクローのボールと絡み目 Sepak takraw ball and link

左ページの絵は左上にセパタクローのボール、右下にこのボールの構造を絡み目として描いたものです。

セパタクローとは、東南アジアの伝統的な球技から生まれたスポーツです。セパタクローの「セパ」にはマレー語で「蹴る」、「タクロー」にはタイ語で「(籐(とう)で編んだ) ボール」という意味があるのだそうです。手を使わずに足や頭でボールを扱う点は、サッカーや日本の蹴鞠などに似ていますが、中央にネットがあるコートで競技が行われるため、ルールはどちらかというとバレーボールに似ています。

もともと、セパタクローのボールは、籐を編んだものが使われていました。籐で編まれていた頃のボールは、大きさや重さ、編み方がまちまちでした。そのため、公式のスポーツとする際に、ボールのかたちや重さを統一する必要がありました。現在では、かたちや重さを統一するために、プラスチックの表面をラバーコーティングした帯でボールが作られています。

左ページの絵は、ボールの角度と絡み目の角度がほぼ同じになるように描いています。ボールの帯と一つひとつの輪がどのように対応しているのかを比較しながら鑑賞すると、構造がわかりやすいでしょう。セパタクローのボールにある黒い線のような模様の部分だけを取り出したものが、右側に描かれている絡み目になっている、と見てもよいです。輪の数を数えてみると、5本のように見えますが、よく見ると6本の輪からできています。

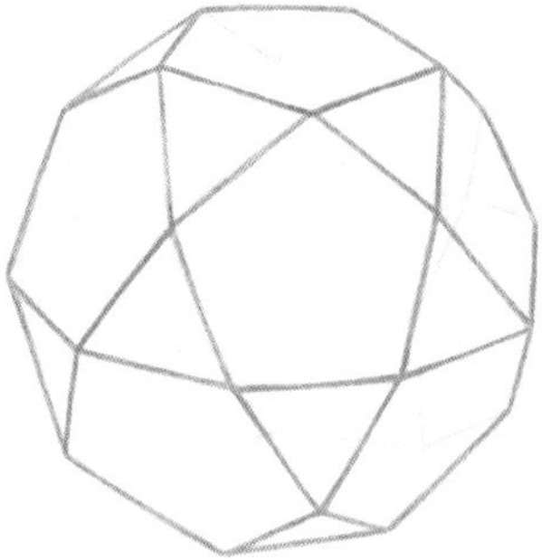

描くときは、絡み目の穴を三角形と五角形の組み合わせとして考えて、かたちを整えていきました。穴のかたちで考えると、三角形と五角形でできた二十・十二面体と似たような構造として見ることもできそうですね。

❖ 絡み目

結び目は1つの輪で考えましたが、絡み目は2つ以上の輪が絡まった状態を考えます。代表的なものに、ホップ絡み目や、ホワイトヘッド絡み目、ボロミアンリングなどがあります。

ホップ絡み目は、2つの輪がそれぞれの輪を通るように絡んでいます。ホワイトヘッド絡み目は、2つの輪のうちの1つを真ん中でひねって、それぞれの輪に通るようにもう一方の輪が絡んでいます。ボロミアンリングは、3つの輪が互い違いに絡んでいます。

ホップ絡み目、ホワイトヘッド絡み目、ボロミアンリング（上から）

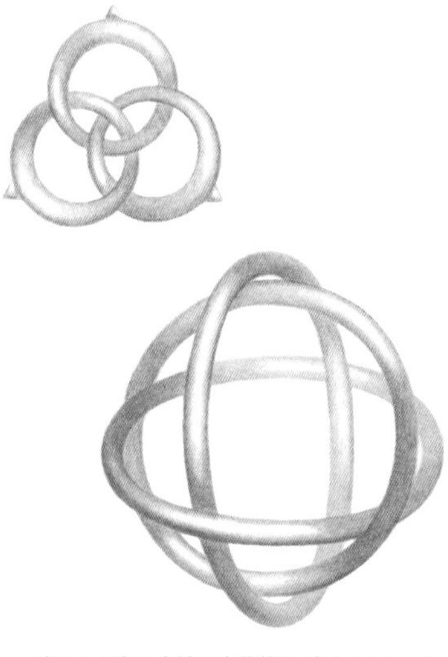

ボロメオ家の家紋と立体的なボロミアンリング

❖ ボロミアンリング

ボロミアンリングは、3つの輪でできている絡み目です。イタリアのボロメオ家の紋章に描かれているため、ボロミアンリングと呼ばれるようになりました。ボロミアンリングは、3つの輪のうち1つでも取り外してしまうと、ほかの輪もばらばらになってしまいます。円が絡み合った図として描かれることが多いかたちですが、実際には歪んだ円でなければ作ることができません。しかし、左のイラストのように立体的に考えると、楕円の組み合わせとして作ることができます。立体的なボロミアンリングは、セパタクローのボールの絡み目に少し似ていますね。

❖サッカーボールのパネルのかたち

ところで、ボールを扱うスポーツはセパタクローのほかにもさまざまなものがありますが、それぞれの競技で使われているボールをよく観察してみると、思いがけずおもしろいかたちに出会うことがあります。

例として、サッカーボールを見てみましょう。サッカーボールといえば、黒と白の五角形と六角形でできている32枚のパネルをつなぎ合わせたものが一般的ですね。切頂二十面体に空気を入れて膨らませたようなかたちのボールです。この切頂二十面体のボールは、1960年代の白黒テレビの登場とともに使われるようになり、1970年にはW杯でも使われるようになりました。それ以前は、12枚か18枚の細長い皮をつなぎ合わせたものが使われていたそうです。

その後、表面の色やデザインは変わりつつも、しばらくは切頂二十面体のボールが使われていました。しかし、2006年のW杯ドイツ大会で、曲面のパネルを14枚組み合わせたボール“チームガイスト”が公式球として登場します。パネルの枚数を減らすことにより、真球により近いかたちになったこのボールは、水を吸ったときなどの重量の変化や形状の変化をそれまでのボールよりも抑えることができるようになったのだそうです。

この“チームガイスト”の登場以降、W杯が開催されるごとに、新たなパネルのかたちを採用したサッカーボールが開発されています。2006年の“チームガイスト”では14枚だったパネルも、2010年W杯南アフリカ大会公式球“ジャブラニ”では8枚、2014年W杯ブラジル大会公式球“ブラズーカ”では6枚になりました。2018年W杯ロシア大会で使われた“テルスター18”はパネルの枚数は6枚ですが、寄木細工にも似た直線的な多角形のパネルで構成されています。

サッカーボールとパネルのかたち（2段目がチームガイスト、3段目がテルスター18）

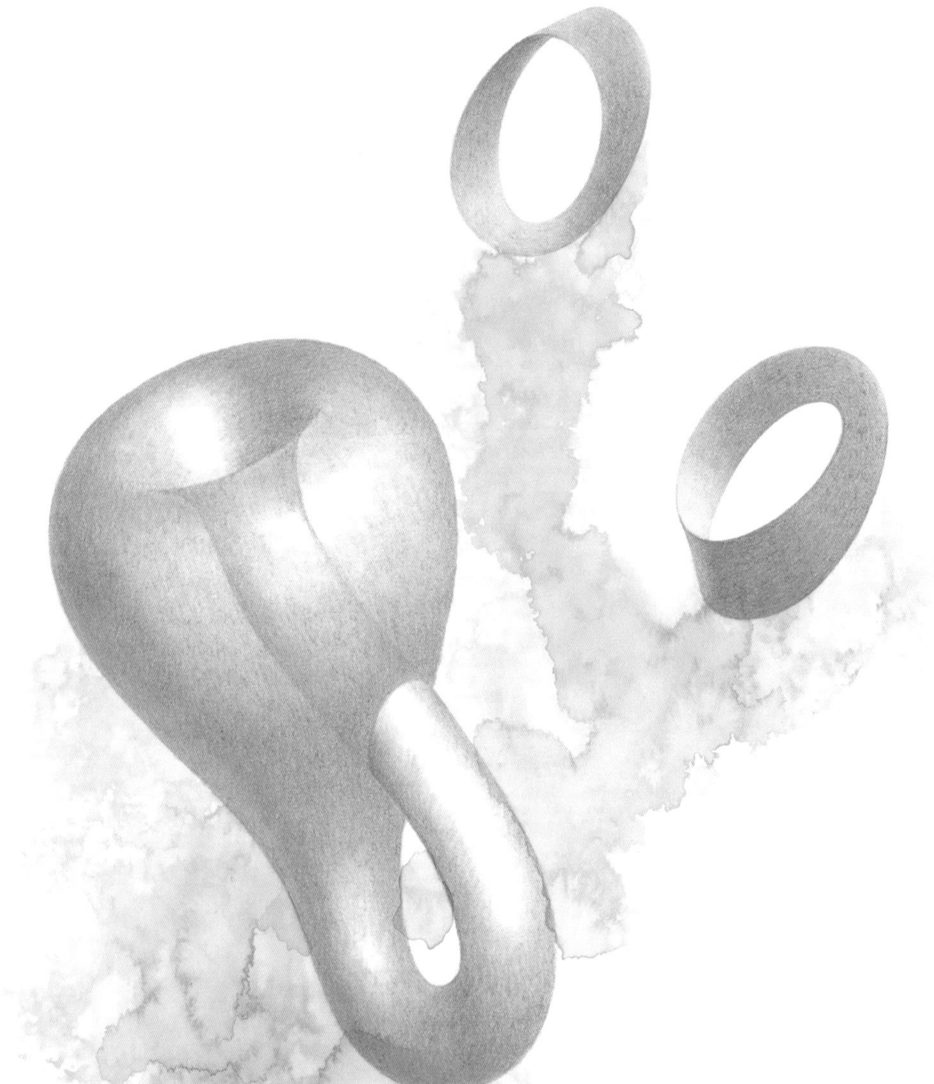

メビウスの帯とクラインの壺 Mobius strip and Klein bottle

曲面の表と裏の区別ができないことを"向きつけ不可能"といいます。左ページに描いたメビウスの帯とクラインの壺は、向きつけ不可能な曲面です。この2つの曲面は、表面をなぞっていくと表側から裏側につながって、もとの位置に戻ってきます。メビウスの帯とクラインの壺は、トポロジーの分野で扱われることが多いかたちです。

メビウスの帯は有名なので、実際に作ったことがある方もいらっしゃるかもしれませんね。紙テープの端を表と裏がつながるようにひねって貼り合わせると、メビウスの帯を作ることができます。ドイツの数学者アウグストゥス・フェルディナント・メビウス（1790-1868）が1858年に発見したかたちです。

クラインの壺は、筒の内側と外側がつながるようにひねって貼り合わせたようなかたちです。ドイツの数学者フェリックス・クリスティアン・クライン（1849-1925）によって1882年に考案されました。

左ひねりのメビウスの帯と右ひねりのメビウスの帯を貼り合わせると、クラインの壺を作ることができます。貼り合わせるというのは、文字どおり、それぞれのふちを糊で貼り付けるようなイメージです。トポロジーの世界では、かたちを切ったり貼ったりすることで、かたちの性質がどのように変わるのかを考えることがあります。左ページに描いたメビウスの帯は、左ひねりと右ひねりになっています。この2つのメビウスの帯を貼り合わせるとクラインの壺ができる、ということです。右のイラストはクラインの壺を半分に切ってみたものですが、メビウスの帯と同じ構造になっているのがわかります。

❖ メビウスの帯とクラインの壺の展開図

メビウスの帯とクラインの壺は、展開図で表すことができます。トーラス（p.49）の節でもご紹介したように、四角形に矢印を書いたものが展開図です。

メビウスの帯は、展開図の両端を矢印が同じ向きになるようにひねって貼り合わせると作ることができます。紙の工作と同じ方法ですね。

クラインの壺は、まず筒を作り、そのあと筒の内側を通して貼り合わせると作ることができるのですが、少々厄介なことに“筒の表面に穴を空けずに”内側を通さなければなりません。そのため、三次元空間では本来のかたちを作ることができません。

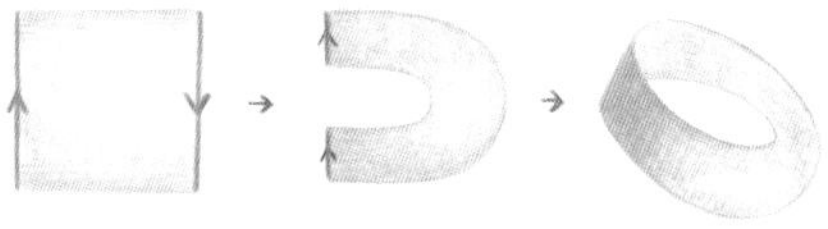

メビウスの帯の展開図

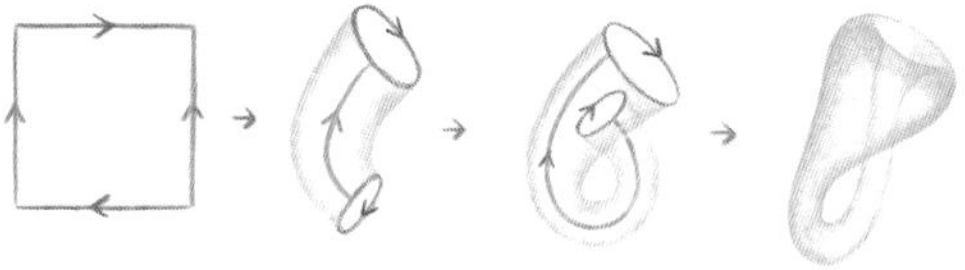

クラインの壺の展開図

❖ メビウスの帯の数式

メビウスの帯は、以下の数式で表すことができます。

$$
\begin{cases}
x = \left(R + u\cos\dfrac{v}{2}\right)\cos v \\
y = \left(R + u\cos\dfrac{v}{2}\right)\sin v \\
z = u\sin\dfrac{v}{2}
\end{cases}
$$

$$-w \leqq u \leqq w,\ 0 \leqq v \leqq 2\pi,\ R > w > 0$$

この数式で表された曲面のひねりの数が奇数だと、向きつけ不可能なメビウスの帯になります。また、偶数だと向きつけ可能な曲面になります。

ひねりが偶数の曲面（左）とひねりが奇数の曲面（右）

❖8の字型クラインの壺

メビウスの帯のかたちが数式で表せるのであれば、クラインの壺も数式で表せるのでしょうか。

クラインの壺は、三次元空間の中での仮のかたちであれば、媒介変数を使って表すことができます。一般的に知られている壺型のものを作るには、回転面の数式をいくつも組み合わせたとても複雑な数式になります。ですが、クラインの壺のかたちを少し変えた“8の字型クラインの壺”であれば、以下のような数式で表すことができます。

$$
\begin{cases}
x = \left(R + \cos\dfrac{u}{2}\sin v - \sin\dfrac{u}{2}\sin 2v\right)\cos u \\
y = \left(R + \cos\dfrac{u}{z}\sin v - \sin\dfrac{u}{2}\sin 2v\right)\sin u \\
z = \sin\dfrac{u}{2}\sin v + \cos\dfrac{u}{2}\sin 2v
\end{cases}
$$

$$0 \leqq u \leqq 2\pi,\ 0 \leqq v \leqq 2\pi,\ R > 2$$

8の字型のクラインの壺は、断面が8の字になっています。ひねりの向きが同じメビウスの帯を自己交差させて貼り合わせるとできるかたちです。少しトーラスに似ていますね。

第3部

心躍るかたち

数学で扱うかたちを調べていると、
まるで想像もしたことがないようなかたちに出会うことがあります。
それはまさに、心が躍る瞬間です。
数学のおもしろさと奥深さを表すような、
印象的で魅力的なかたちの数々をご覧ください。

メンガーのスポンジ Menger sponge

左ページに描いたかたちは、メンガーのスポンジと呼ばれています。フラクタルを代表するかたちの1つです。1926年、オーストリアの数学者カール・メンガー（1902-1985）がはじめてこのかたちについて記述しました。正六面体にたくさんの四角い穴が空いているところが、特徴的ですね。

メンガーのスポンジの構造を考えてみましょう。もとになる正六面体を、27個の小さな正六面体（小正六面体）に分割します。次に、中心の小正六面体と、それと面を共有する6個の小正六面体を取り除きます。こうして残った20個の小正六面体がメンガーのスポンジの基本のかたちになります。

この基本のかたちを作る操作を、各小正六面体に対して無限に繰り返すと、メンガーのスポンジを作ることができます（このような操作を“再帰的な操作”といいます）。基本のかたちを作る操作の回数をnとすると、小正六面体の数は20^n個になります。2回の操作で400個、4回の操作で160,000個の小正六面体ができます。

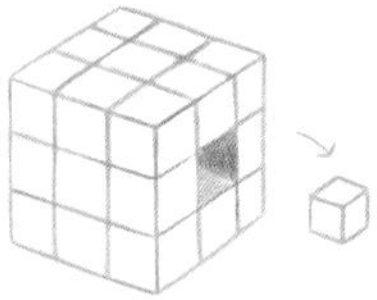

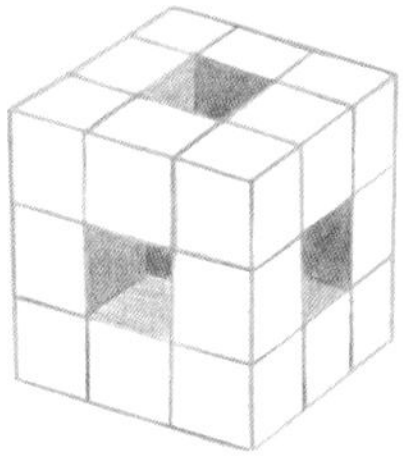

実際のメンガーのスポンジは、細かい部分が無限に繰り返されているため、鉛筆で正確に描き表すことは不可能です。左ページに描いたメンガーのスポンジは、縦横30センチの紙に鉛筆で可能な限りの細かさで描いたものです。メンガーのスポンジの“仮の姿”といったところでしょうか。このメンガーのスポンジは、基本のかたちを作る操作を4回繰り返したときの全体の様子をもとに描いています。

❈ フラクタル

フラクタルとは、フランスの数学者ブノワ・マンデルブロ（1924-2010）が提唱した概念です。フラクタルの特徴として、メンガーのスポンジのように部分と全体が相似になっていることが挙げられます。

フラクタルは自然界でも見ることができます。たとえば、シダの葉のかたちを観察してみましょう。葉の全体のかたちと、葉先の枝分かれした部分のかたちがとてもよく似ています。シダの葉のかたちもフラクタルになっています。

同じように、ギザギザした海岸線のかたちや木々の枝分かれ、月のクレーターの分布にもフラクタルが見られます。

❈ ペンタフレーク

ペンタフレークとは、正五角形を組み合わせたフラクタルです。1つの正五角形と辺を共有するように5つの正五角形を並べ、それを再帰的に繰り返すことでできるフラクタルです。

ルネサンスの時代の美術家アルブレヒト・デューラー（1471-1528）が1525年に出版した『測定法教則』の中には、ペンタフレークによく似たかたちが描かれています。このかたちは史上最初に描かれたフラクタルともいわれています。

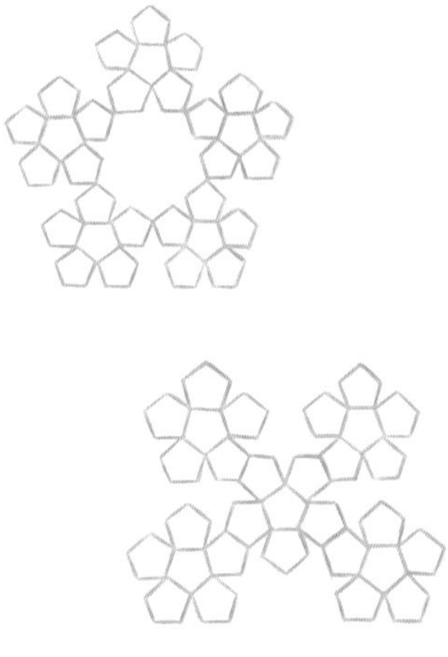

ペンタフレーク（上）とデューラーのペンタフレーク（下）

❈ カントール集合とシェルピンスキーのカーペット

カントール集合とは、1本の線を3等分し、真ん中の部分を取り除く操作を繰り返すとできるフラクタルです。ドイツの数学者ゲオルグ・カントール(1845-1918）にちなんで名づけられました。

カントールは、無限を扱う数学の研究をしていたことで知られています。カントール集合も無限に関連するものとして研究されていました。

このカントール集合を二次元にしたものに、シェルピンスキーのカーペットというフラクタルがあります。ポーランドの数学者ヴァツワフ・シェルピンスキー(1882-1969）が研究していたことにちなんで名づけられたフラクタルです。

シェルピンスキーのカーペットは、正方形の各辺を3等分してできる9つの正方形のうち、真ん中にあるものを取り除く操作を次々に繰り返していくとできるフラクタルです。

この正方形を取り除く操作は、メンガーのスポンジの基本のかたちを作る操作によく似ていますね。メンガーのスポンジは、シェルピンスキーのスポンジとも呼ばれています。また、メンガーのスポンジの側面は、シェルピンスキーのカーペットになっています。

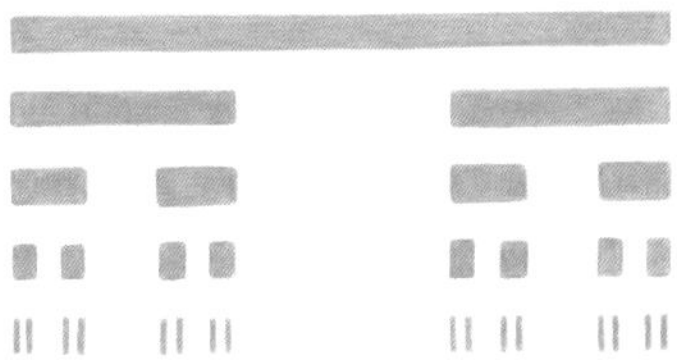
カントール集合

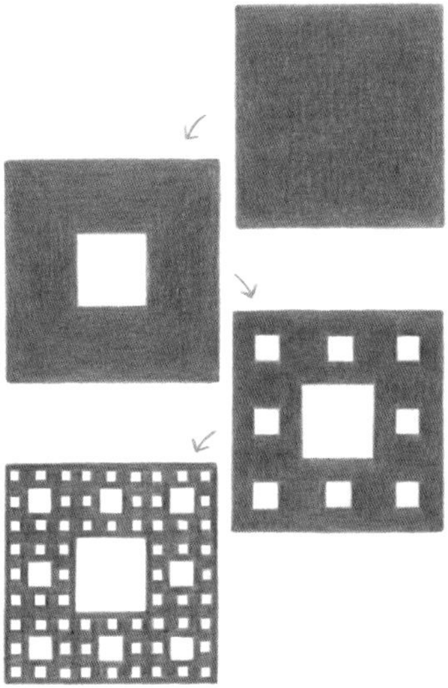
シェルピンスキーのカーペット

立体版のコッホ雪片 3D Koch snowflake

左ページに描いたかたちは、“コッホ雪片”を立体にしたものです。日本語の名前はいまのところはないようなので、仮に“立体版のコッホ雪片”としました。コッホ雪片とは、正三角形の各辺に、コッホ曲線を描くときと同じ再帰的な操作を繰り返すとできるフラクタルです（コッホ曲線については次ページで解説します）。下のイラストは、正三角形からコッホ雪片ができるまでの様子です。

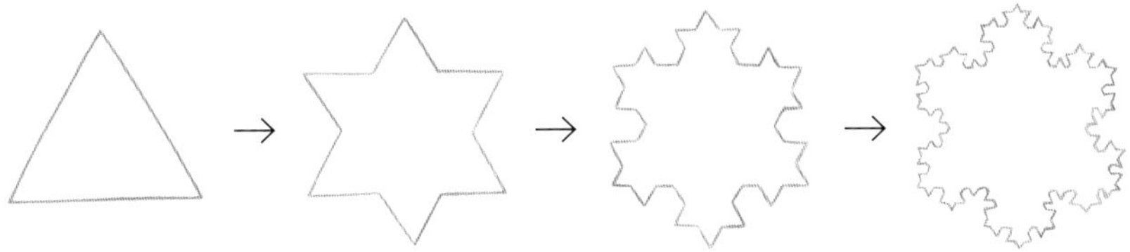

コッホ雪片

立体版のコッホ雪片は、2つの正四面体を組み合わせた星形八面体が何度も繰り返すフラクタルになっています。

コッホ雪片を立体にしたものといわれているフラクタルにはいくつか種類がありますが、左ページに描いたかたちはその中でも比較的構造がわかりやすいものです。

正四面体の双対がどの部分でどのように組み合わさっているのか、このかたちにさらに再帰的な操作を繰り返したらどのようなかたちになるのか、考えてみるのもおもしろいかもしれません。

この立体版のコッホ雪片は、再帰的な操作を繰り返していくと、最終的には正六面体を埋め尽くすかたちになります。

左ページの絵は、朝焼けにきらきらと輝く雪や氷をイメージして描きました。実際に雪の結晶がこのようなかたちになることはないでしょうが、繊細な構造から思い浮かべるイメージは、雪の結晶と共通するものがあります。

❖ コッホ曲線

コッホ曲線とは、スウェーデンの数学者ヘルゲ・フォン・コッホ（1870-1924）が考案したフラクタルです。

コッホ曲線を描いてみましょう。まず、1本の直線を用意し、3等分します。3等分したうちの中央に、正三角形の2辺を描きます。次に、その正三角形の2辺をそれぞれ3等分し、直線の残りの部分もそれぞれ3等分します、そして、それぞれの中央に小さな正三角形の2辺を描きます。この操作を無限に繰り返すとできるフラクタルがコッホ曲線です。

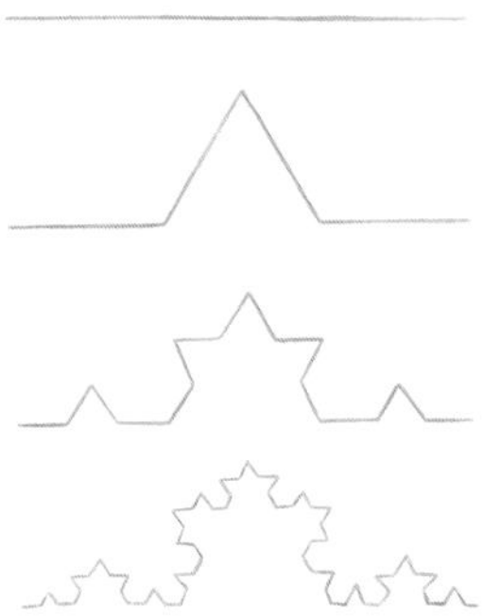

コッホ曲線

❖ 海岸線のパラドックスとコッホ曲線

コッホ曲線のような自己相似に関連するフラクタルの特徴として“長さが決められない”ことが挙げられます。この、長さが決められない例として登場するのが、海岸線のパラドックスです。イギリスの数学者ルイス・フライ・リチャードソン（1881-1953）が提示したパラドックスですが、どのようなものなのか、簡単に説明してみましょう。

ある日、二人の人がそれぞれ同じ海岸線の長さを測ることになりました。片方の人は大きな岩を基準にざっくりと、もう片方の人は小さな小石の凹凸まで細かく丁寧に、海岸線の長さを測りました。すると、ざっくりと測った人の値よりも、小さな小石の凹凸まで測った人の値のほうが、海岸線が長くなったのです。

海岸線やコッホ曲線のようなフラクタル曲線は、細かく測るほど長さがどこまでも長くなり、数学的には長さが無限大に発散します（実際の海岸線は、厳密な意味でのフラクタルではなく、無限大にはなりません）。

❖ シェルピンスキー四面体

正四面体でできているフラクタルでよく知られているかたちに、シェルピンスキー四面体があります。右のイラストの“シェルピンスキーのギャスケット”を立体にしたかたちです。

シェルピンスキー四面体を稜の方向から見ると、三角形で正方形をぴったりと埋める面になります。この特徴から、シェルピンスキー四面体は、日よけの屋根のかたちに応用されています。シェルピンスキー四面体のかたちを応用した日よけの屋根は隙間が多いため、雨粒を防ぐことはできませんが、いくつもの三角形の影が木陰のように重なり、日差しを防ぐことができます。また、通常の屋根と比べて風通しがよくなるため、日よけそのものの表面温度が上がりにくく、屋根からの輻射熱を防ぐ効果があるそうです。

シェルピンスキーのギャスケット

シェルピンスキー四面体

↓

稜の方向から見た様子

❖ シェルピンスキーとポーランド

“シェルピンスキーのギャスケット”や“シェルピンスキーのカーペット”など、たびたび名前が登場しているヴァツワフ・シェルピンスキー(1882-1969)は、ポーランドの数学者です。シェルピンスキーは第一次世界大戦でロシアに抑留されていた折に、いくつかのフラクタル図形を考案したといわれています。1920年頃から第二次世界大戦が始まるまでの間、ポーランドでは無限に関する数学の研究が盛んに行われ、短い期間に何人もの優れた数学者が登場しました。シェルピンスキーもその一人です。

ローレンツアトラクタ Lorenz attractor

ローレンツアトラクタは、アメリカの気象学者エドワード・ノートン・ローレンツ（1917-2008）が気象学の対流の研究から発見しました。以下の3つの方程式で表されるローレンツ方程式の解の軌跡を描いたものです。

$$\frac{dx}{dt} = -\sigma x + \sigma y$$
$$\frac{dy}{dt} = -xz + rx - y$$
$$\frac{dz}{dt} = xy - bz$$

$b = 8/3$、$\sigma = 10$、$r = 28$のとき、z軸が縦軸、x軸が横軸になる方向から見ると、左ページに描いたようなかたちになります。なんとなく、羽を広げた蝶のようにも見えますね。ローレンツは、このローレンツアトラクタに関する研究によって、カオス的な力学系の重要な特徴の1つである“初期値鋭敏性”をはじめて確認しました。

ところで、ローレンツアトラクタは、全体を見ると蝶のようなかたちをしていますが、細かい部分を見ると細い線（あるいは軌跡）でできています。左ページの絵を描くとき、線が集まってできているかたちをどのように表現するか、というのが1つの課題になりました。

そこで考えたのは、“細い糸状のものが束になっている”ものを参考に表現ができないだろうか、ということでした。細い糸状のものが束になっているものといえば、たとえば糸の束や針金の束などがあります。もっと身近なものでは、髪の束などもあるでしょう。髪の流れや束の表現は、絵画でもよく見かけるものです。この絵を描く際は、そうした髪の束などの表現を参考にしました。また、髪を描くときもそうですが、1本ずつ正確に描くには限度があります。そのため、大まかな特徴をまとまったかたちとして考えながら、全体の印象を表現することに重点を置いて描いています。

❖ 力学系とバタフライ効果

前の状態から次の状態へ、時間とともに変化していく系を力学系といいます。たとえば、坂道を転がるボール、惑星の動き、水の流れなどが力学系の典型的なものです。

カオス的な力学系の代表的な特徴に、“初期値鋭敏性”があります。“最初の状態をわずかに変えることによってその後の結果が大きく変わる”という性質です。

この“初期値鋭敏性”を表す有名な言葉に“バタフライ効果”があります。“ブラジルで1匹の蝶がはばたくとテキサスで大竜巻が起こるか（Does the Flap of a Butterfly's Wings in Brazil Set Off a Tornado in Texas?)”という言葉をご存じでしょうか。この言葉は、1972年にワシントンで開かれた学会で、ローレンツが講演をしたときのタイトルだったそうです。“蝶”と“大竜巻”のスケールの違いにインパクトがありますね。この講演タイトルと内容のインパクトから、“初期値鋭敏性”の詩的な表現として“バタフライ効果”という言葉が使われるようになったといわれています。

❖ 決定論的カオス

カオスとは、もとは古いギリシア語で、“秩序がない状態”という意味の言葉でした。最近はゲームやマンガ、アニメなどでもときどき登場する言葉なので、耳にしたことがある方もいらっしゃるかもしれませんね。日常で耳にする“カオス”は、日本語の“混沌”と同じような意味として使われているイメージがあります。まったくのでたらめ、だったり、混乱して予測がつかない、というような意味で使われていることもあるように思います。

一方で、力学系で扱うカオスとは、“一見ランダムで予測できないように見えて、実は決定論的であるふるまい”をいうそうです。そのため、決定論的カオスともいいます。決定論とは、あらゆる出来事はその前に起こった出来事によって決まっている、というような考え方です。端的にいうと、ランダムな要素を含まないものを決定論といいます。ローレンツアトラクタをCGなどで描いてみるとわかりますが、初期の数値が同じであれば、複雑な途中経過もまったく同じであるかたちを描くことができます。

“まったくのでたらめ”とは少し違った“カオス”です。

❈天気予報

バタフライ効果の例としてローレンツが挙げたのは、“大竜巻”という気象に関する内容でしたが、気象の変化もカオス的な力学系として考えることができるといわれています。

気象の変化は私たちの生活とは切っても切り離せないものです。今日は暑いだろうか、それとも寒いだろうか、出かけるときに傘は必要だろうか、洗濯物は乾くだろうか……こういうとき、私たちは天気予報をチェックします。最近の天気予報は、当日のものであれば大きく外れることは少なくなりました。ところが、長期の天気を予測するのは現在でも難しいのだそうです。

週間天気予報を思い出してみてください。たとえば、週末に出かける予定があるときなどは、週間天気予報が特に気になるかもしれません。月曜日に見たときには晴れの予報だった土日の天気が、水曜日には曇りの予報になり、当日には雨になってしまった、という経験がある方もいらっしゃるのではないでしょうか。

晴れや雨などの具体的な天気を予測できるのは、現代の技術でも1週間程度が限界だとされています。1週間より先になると、天候を左右する移動性の低気圧や高気圧の動きを予測するのが困難になるため、1日ごとの天気を具体的に予測することができなくなるのだそうです。長期になればなるほど、ちょっとした変化から結果が大きく変わってしまい、具体的な予測が困難になるのですね。

カタランの極小曲面 Catalan's minimal surface

カタランの極小曲面は、ベルギーの数学者ユージェーヌ・シャルル・カタラン（1814-1894）によって研究されました。

極小曲面とは、たとえば閉じた曲線を境界とする曲面があったとき、その面積ができるだけ小さい状態にある曲面のことです。極小曲面の研究は、18世紀にスイスの数学者レオンハルト・オイラー(1707-1783）やフランスの数学者ジョセフ＝ルイ・ラグランジュ(1736-1813）によって始められました。現在では主に微分幾何学の分野で研究されています。

左のページに描いたカタランの極小曲面は以下の数式で表すことができます。

$$\begin{cases} x = u - \cosh v \sin u \\ y = 1 - \cos u \cosh v \\ z = 4 \sin \dfrac{u}{2} \sinh \dfrac{v}{2} \end{cases}$$

$$-2\pi \leqq u \leqq 2\pi,\ -1.4 \leqq v \leqq 1.4$$

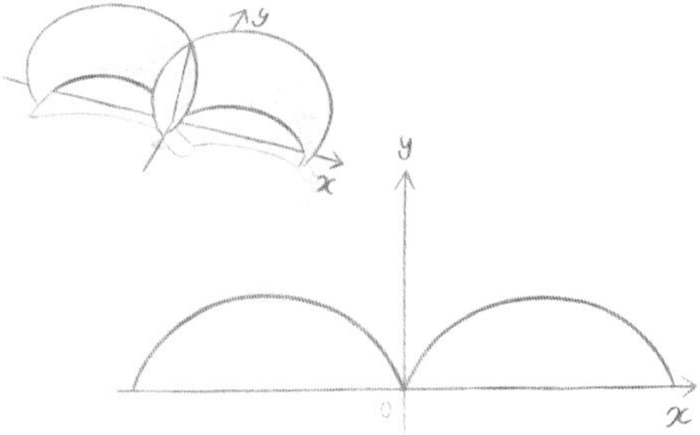

カタランの極小曲面に見られるサイクロイド

カタランの極小曲面には自己交差（交わっている部分）があります。uの値を増やしていくと、曲面が自己交差しながら次々と連なったかたちになります。また、$v=0$のとき$x-y$平面上にサイクロイドが見られます。

カタランの極小曲面は、船の丸い帆が連なっているようにも見えます。あるいは、波のようにも見えるでしょうか。カタランの極小曲面の丸い稜線を見ていると、日本の伝統文様にある“青海波（せいがいは）”を連想します。そういえば、サイクロイドと青海波はかたちが少し似ていますね。

青海波

❖ 極小曲面と石鹸膜

極小曲面は石鹸膜とも深い関わりがあります。シャボン玉や石鹸膜に働く表面張力が、極小曲面を作ります。

まずは例としてシャボン玉について考えてみましょう。シャボン玉は、表面張力の影響で、表面のエネルギーができるだけ小さい状態をとろうとします。表面のエネルギーができるだけ小さい状態のとき、表面積もできるだけ小さい状態になります。空間の中にある閉じた曲面で、表面積ができるだけ小さい状態にあるかたちは、球面です。そのため、シャボン玉は丸いかたちになります。

針金の枠に張った石鹸膜も同じように考えることができます。針金の枠に張られた石鹸膜は、表面張力の影響で、表面のエネルギーができるだけ小さい状態をとろうとします。このとき、表面積はできるだけ小さい状態にある曲面、すなわち極小曲面になります。

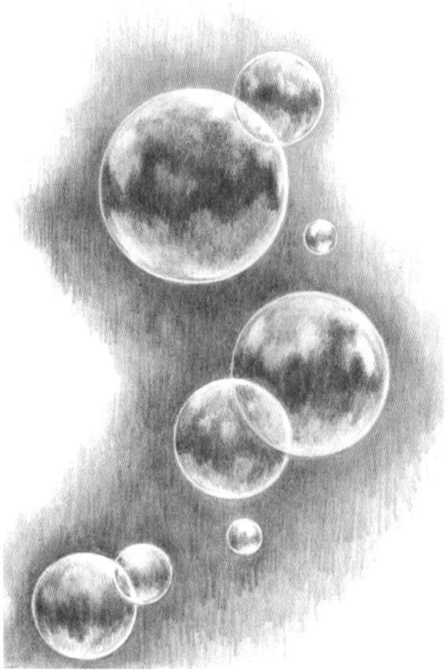

19世紀、ベルギーの物理学者ジョセフ・アントワーヌ・フェルディナン・プラトー(1801-1883) は、閉じた枠に石鹸膜を張ると表面張力によって極小曲面になることに注目し、石鹸膜を使った数多くの実験を行い、その性質を調べました。

プラトーが行った研究から、“与えられた閉じた曲線を境界とする極小曲面に関する研究”はプラトー問題とも呼ばれています。

❖ さまざまな極小曲面

カタランの極小曲面のほかにも、極小曲面は数多くあります。どのようなかたちがあるのか、少しだけご紹介しましょう。極小曲面には一風変わった個性的なかたちがたくさんあります。

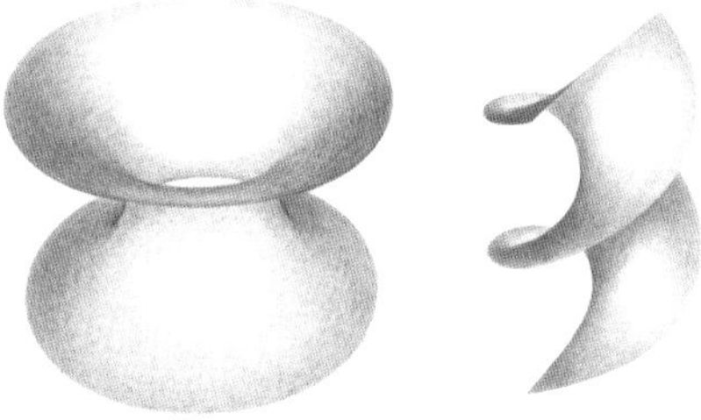

懸垂面（左）と螺旋面（右）
懸垂面は1774年レオンハルト・オイラーによって、螺旋面は1776年フランスの数学者ジャン＝バプティスト・ムーニエ（1754-1793）によって極小曲面であることが発見されました。古くから研究されている古典的な極小曲面です。

エネパー曲面（左）と波状のエネパー曲面（右）
1864年ドイツの数学者アルフレッド・エネパー（1830-1885）によって発見された極小曲面です。

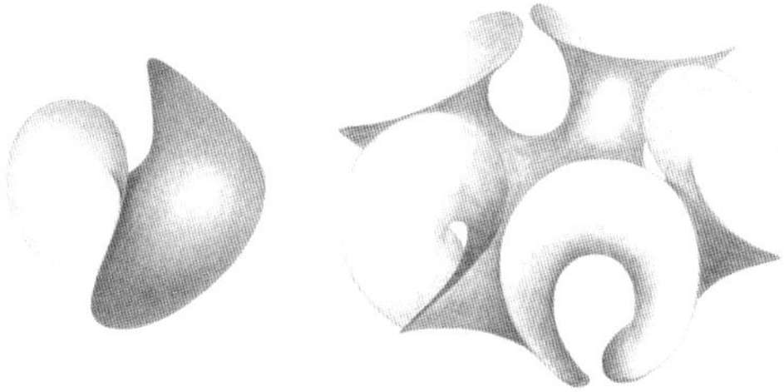

コスタ曲面
1982年ブラジルの数学者セルソ・ホセ・ダ・コスタ（1949-）によって発見された極小曲面です。

ルーローの四面体 Reuleaux tetrahedron

ルーローの四面体は、ルーローの三角形を三次元に拡張したようなかたちです。

ルーローの三角形は、ドイツの機械工学者フランツ・ルーロー（1829-1905）が考案しました。正三角形の辺を、円弧で置き換えたかたちになっています（円弧の中心は、もとの正三角形の各頂点です）。正三角形を膨らませたようにも見えるかたちです。

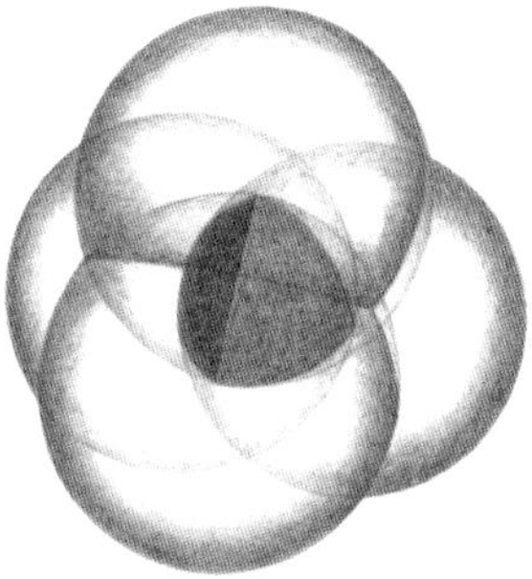

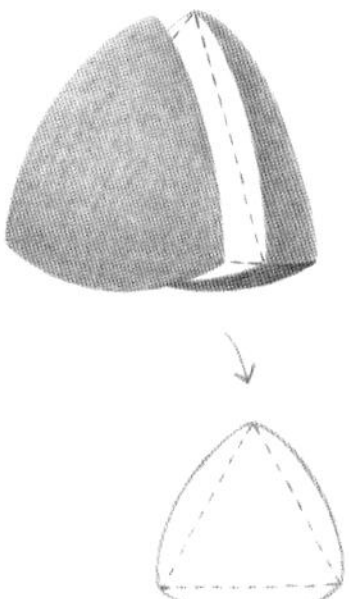

ルーローの三角形

同じようにルーローの四面体は、正四面体の面を球面に置き換えたかたちになっています（球面の中心は、もとの正四面体の各頂点です）。正四面体を芯にして、面がシャボン玉のように膨らんでいるようにも見えますね。

また、ルーローの四面体を3つの頂点を通る平面で切ると、断面にルーローの三角形が現れます。

左ページの絵は、いろいろな角度から見たルーローの四面体を、転がるようなイメージで描きました。ルーローの四面体の小石のような滑らかさを感じる表面は、手のひらにちょうどよく収まりそうで、握ってみたくなるかたちです。

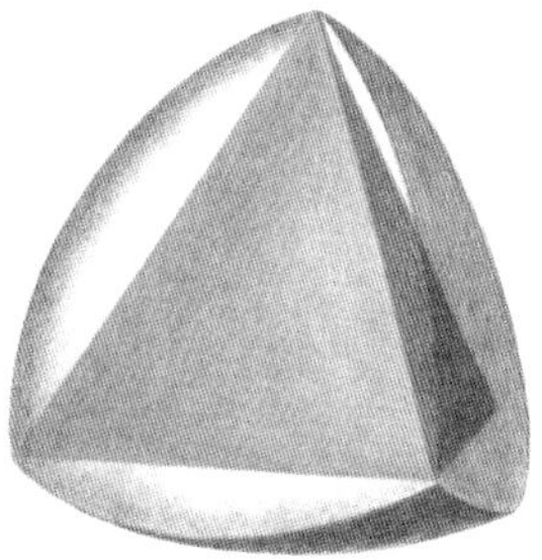

ルーローの四面体（透過）と正四面体

❈ ロータリーエンジンとルーローの三角形

ルーローの三角形は、工業製品などに使われることが多いかたちです。代表的なものとしては、ロータリーエンジンに使われている部品が挙げられるでしょうか。

自動車のエンジンにも使われているロータリーエンジンは、ルーローの三角形がペリトロコイド曲線に内接して回転できることを利用しています。ペリトロコイドとは、2つの円を使って描ける繭のようなかたちをした曲線です。

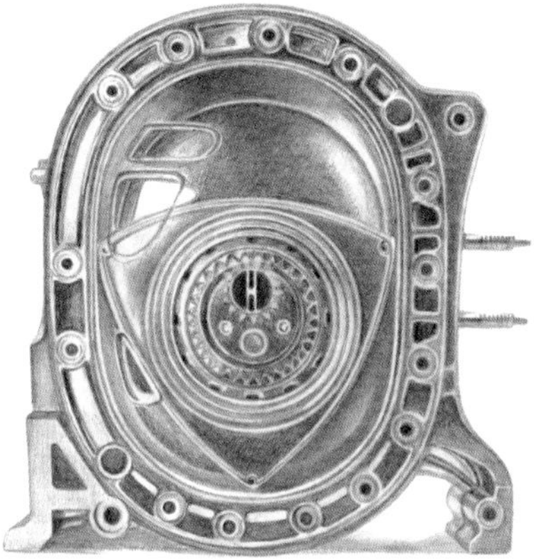

ロータリーエンジン

一般的に使われているエンジン（レシプロエンジン）はピストンの往復運動によってエネルギーが作られていますが、ロータリーエンジンの場合は、ルーローの三角形のかたちをした部品が、ペリトロコイドのかたちにくり抜かれている部品の内部で回転することによってエネルギーが作られています。

❈ ルーローの多角形とマイスナーの四面体

ルーローの三角形のように頂点を円弧でつなげて描ける図形はいくつかあり、それらはルーローの多角形と呼ばれています。

ルーローの多角形とは、頂点が奇数の正多角形（正三角形、正五角形、正七角形……など）の各頂点を中心に、一番長い対角線（正三角形の場合は辺）を半径とする円弧で頂点をつなぐと描ける定幅図形です。定幅図形とは、どの方向にも幅が同じで、転がしたときに高さが変わらないかたちです。代表的なかたちとして円が挙げられます。

ルーローの多角形は、頂点と辺が向かい合っている、頂点が奇数の正多角形でのみ作ることができます。頂点が偶数の正多角形でも似たようなかたち作ることはできますが、定幅図形にはならないため、ルーローの多角形にはなりません。

ルーローの多角形は、イギリスなどいくつかの国でコインのかたちとして利用されています。定幅図形であるため、円形のコインと同じように自動販売機でも使えるそうです。イギリスに旅行したときには、ぜひ試してみたいですね。

ところで、ルーローの三角形のほかにもルーローの多角形があるなら、ルーローの四面体のほかにもルーローの多面体があるのでしょうか。

残念ながら、ルーローの多面体はルーローの四面体の1種類のみです。頂点と面がきちんと向かい合う位置にある正多面体でないと、ルーローの多面体を作ることができないからです。

また、ルーローの四面体はルーローの三角形のような定幅図形ではありません。しかし、スイスの数学者エルンスト・マイスナー(1883-1939）とドイツの数学者フリードリヒ・ゲオルグ・シリング(1868-1950）は、ルーローの四面体の辺を削った部分を円弧の回転面で置き換えることにより、定幅図形ができることを示しました。このかたちは、マイスナーの四面体と呼ばれています。

ルーローの多角形とマイスナーの四面体

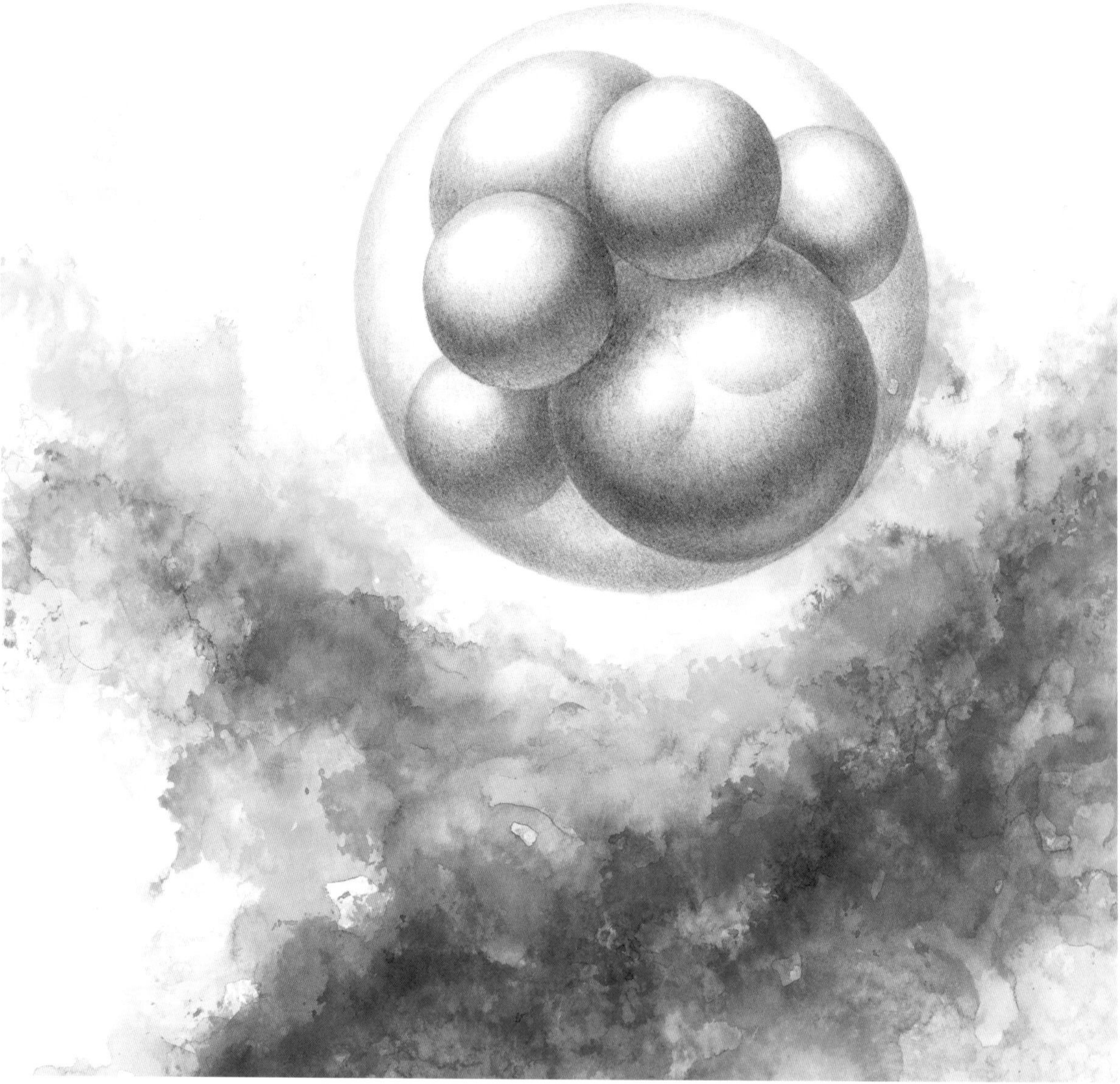

ソディの6球連鎖 Soddy's hexlet

ソディの６球連鎖（Soddy's hexlet）は、イギリスの化学者フレデリック・ソディ（1877-1956）が1936年にネイチャー誌に発表したことでその名前がつけられました。外側の大きな球に内接し、それぞれが接している２つの球があるとします。このとき内側の２つの球のまわりを取り巻くようにそれぞれの球に外接し、かつ外側の球に内接するような球は必ず６個となります。これらの球の連鎖をソディの６球連鎖といいます。

ソディの６球連鎖は、ソディが発表する110年以上前の1822年に、すでに日本で入澤新太郎博篤（生没年不詳）によって発見され、現在の神奈川県にある寒川神社に算額として書かれて奉納されていました。さらにその13年前には、当時12歳の鈴木二郎という少年によって、ソディの６球連鎖に関連するかたちについての算額も奉納されています。左ページの絵は、鈴木少年が奉納した算額に登場するかたちをモチーフに描いています。

ソディの６球連鎖は、球のかたちをさまざまに変えても成り立つものですが、鈴木少年の算額に登場する６球連鎖は、球の大きさを固定して問題を解きやすくしたものでした。一番外側の球に内接する２つの大きな球と、それを取り巻く６つの小さな球のそれぞれが同じ大きさに固定されているのがわかるでしょうか。

ところで、円や球には、月や惑星のような天体のイメージがあります。入澤新太郎博篤によって奉納された算額を写したものには、説明の図が入っていました。その図には、簡素ながらも立体的に見えるように稜線を表すような線が引かれており、見た目はまるで月のようです。また、図と一緒に書かれている文章には、特定の球を表すために“月球”や“日球”といった名前も使われています。算額が奉納された江戸時代の人々にとって、日常で一番なじみがある球形のものは、“月”や“太陽”だったのかもしれません。

球の連鎖について考えていた人々は、満月の夜に月を見ていてこのかたちを思いついたのだろうか、と想像が膨らみます。

❈ シュタイナーの円鎖

ソディの6球連鎖の中心は、同一平面上にあります。その平面での断面は、シュタイナーの円鎖になります（ただし、シュタイナーの円鎖は6以外でも可能です）。

シュタイナーの円鎖は、スイスの数学者ヤコブ・シュタイナー（1796-1863）が発見しました。中心の異なる円が2つあり、片方がもう片方の中にある状態とします。このとき、この2つの円に接する円を描き、前に描いた円にも接するように新たな円を次々につなげて描いていくと、シュタイナーの円鎖ができます。

1826年にシュタイナーは、どのような大きさの円から始めてもこの円鎖は1周回って閉じるということを証明しました。また、敷き詰めた円の中心は楕円上に、接点は別の円の上に並びます。

ところで、このシュタイナーの円鎖もまた、シュタイナーが発見するよりも早い1784年にすでに日本の和算家安島直円（1732-1798）によって発見され、同じく和算家の池田貞一（生没年不詳）によって東京の牛久長命寺に算額が奉納されていました。

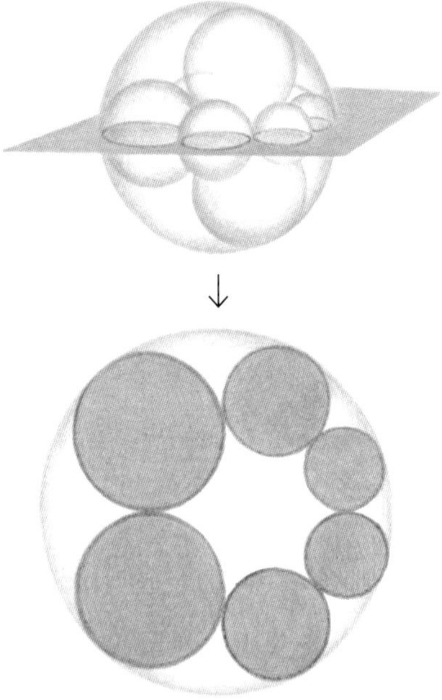

ソディの6球連鎖の断面

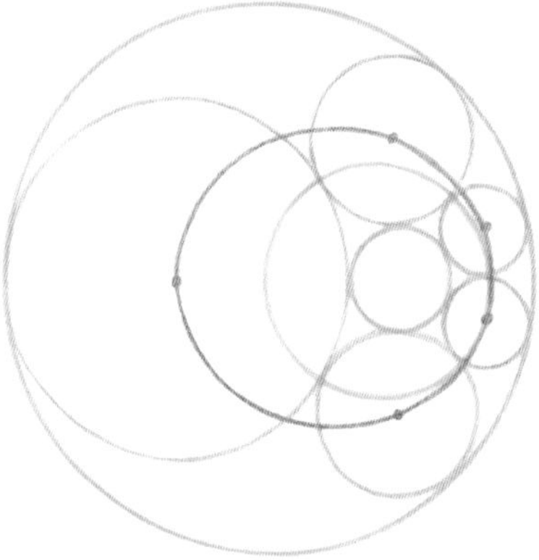

シュタイナーの円鎖と円と楕円

❈ 和算と算額

和算とは、西洋数学の導入以前に日本で使われていた数学です。

江戸時代の日本では、幕府の鎖国政策の影響により、西洋をはじめとする諸外国からの知識や情報が一般の人々には触れられないように制限されていました。もちろん、数学に関する知識も例外ではありませんでした。そのため日本の数学は、それまでに使われていた中国の数学を基礎として独自の発展を遂げることになります。それが、和算です。江戸幕府の崩壊後、明治時代の新しい学校教育に西洋数学が導入されるまで、和算は広く一般に親しまれていました。

和算と切っても切り離せないのが算額です。算額とは、数学の問題を板に書いたものです。江戸時代には、難しい数学の問題が解けたときに、神仏に感謝し、その問題を書いた算額を神社や寺に奉納する習慣がありました。内容は円や多角形など幾何学に関するものが多かったようです。また、必ずといってよいほど問題の内容に関する美しい図が描かれていました。

算額の奉納が特に盛んだったのは18〜19世紀で、江戸時代の中期〜後期にあたります。ソディの6球連鎖の算額を奉納した入澤新太郎博篤や鈴木二郎少年、シュタイナーの円鎖の算額を奉納した安島直円もこの時代の人物です。この頃には和算についての本、“和算書”も出版されるようになりましたが、その内容は、算額からの問題か、算額をそのまま書き写したものでした。

ソディの6球連鎖について書かれていた算額は現在失われていますが、こうした和算書に収録されており、その内容を知ることができます。

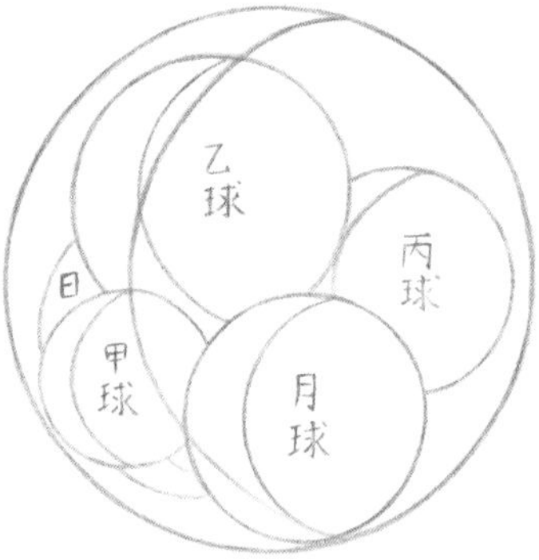

ソディの6球連鎖に関する和算書の図
（参考：『古今算鑑』2巻）

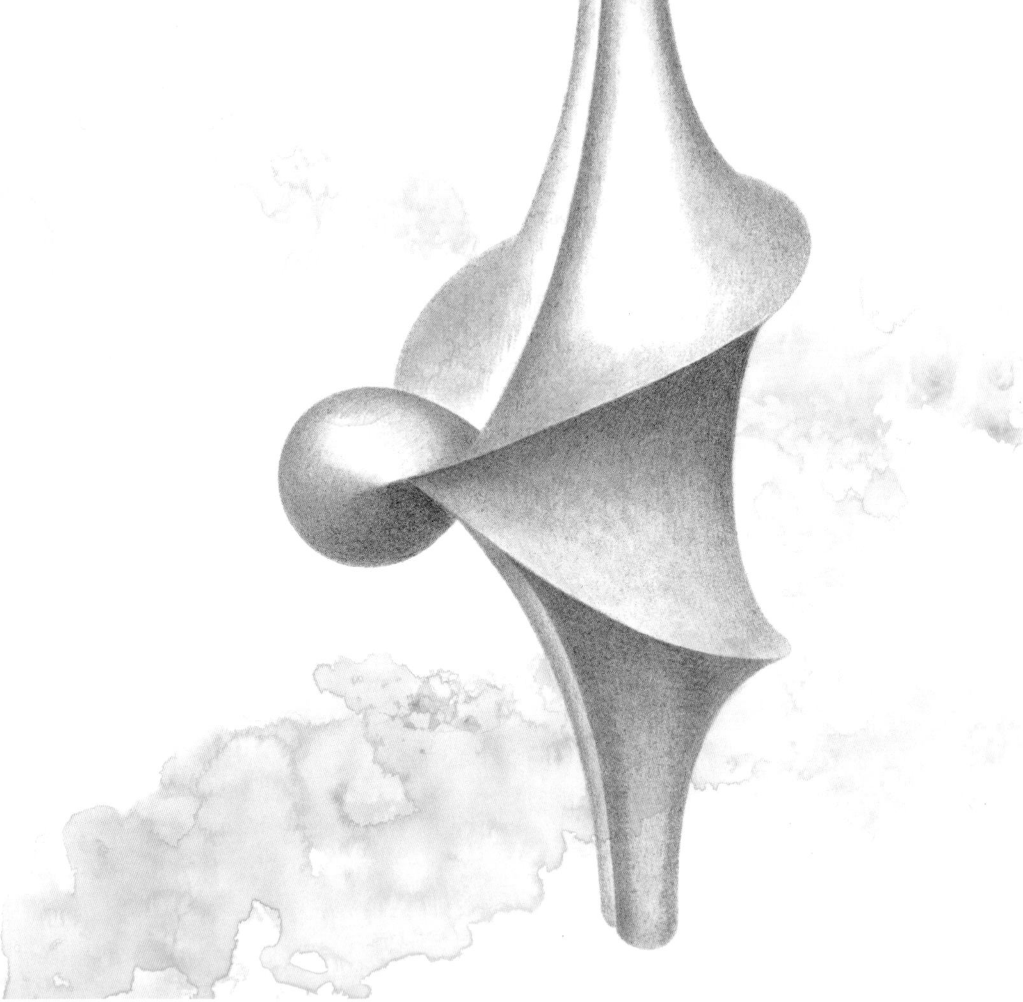

クエン曲面 Kuen surface

なんとも表現しにくいかたちです。左ページに描いたかたちは、クエン曲面と呼ばれています。数学の中でも、微分幾何学という分野で扱われる曲面です。

クエン曲面という名は、この曲面について研究していたドイツの学生テオドール・クエン（生没年不詳）にちなんで名づけられました。クエンは、1880年から1884年頃、ドイツの数学者アレクサンダー・フォン・ブリル（1842-1935）のもとで学んでいたようです。

クエン曲面は、以下の複雑な数式で表すことができます。

$$\begin{cases} x = \dfrac{2(\cos u + u\sin u)\sin v}{1+u^2\sin^2 v} \\ y = \dfrac{2(\sin u - u\cos u)\sin v}{1+u^2\sin^2 v} \\ z = \ln\left(\tan\dfrac{v}{2}\right) + \dfrac{2\cos v}{1+u^2\sin^2 v} \end{cases}$$

$$-4.5 \leqq u \leqq 4.5,\ 0 \leqq v \leqq \pi$$

uの値を変えると、両端が螺旋階段のようにぐるぐると渦巻くように重なっていきます。

私がクエン曲面をはじめて見たのは、博物館に展示されていた石膏の模型でした。さまざまな幾何学模型とともに棚に置かれていた不思議なかたちに目を奪われたのを覚えています。

クエン曲面のおもしろさは、なんといってもそのかたちでしょう。身近なものではたとえることができない独特なかたちを見ていると、数学の世界の広さを感じるようでわくわくします。

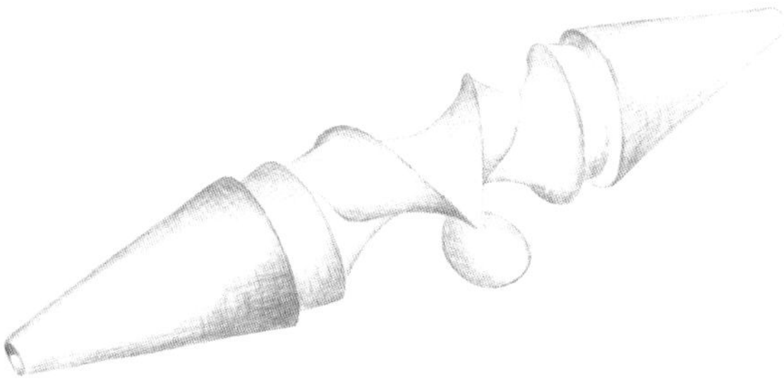

※マン・レイと幾何学模型

クエン曲面は、20世紀の美術家マン・レイ（1890-1976）の作品のモチーフになったことでも知られています。

1934年から1935年、シュルレアリスムの画家マックス・エルンスト（1891-1976）とともにパリのアンリ・ポアンカレ研究所を訪れたマン・レイは、石膏や木材、糸などで作られた幾何学模型を見つけ、写真を撮ります。マン・レイはこれらの写真をもとに、1948年、戦火を逃れた先のアメリカで、油彩画のシリーズ『シェイクスピア方程式（Shakespearean Equations）』を描きました。幾何学模型が描かれた一連の作品には、シェイクスピアの作品から引用したタイトルがつけられています。

現在では、グラフアプリなどを使うと比較的簡単に曲面や多面体の立体画像を作ることができますが、以前は、石膏や木材、針金や糸などを使って幾何学模型が作られていました。ゲッティンゲン大学や東京大学、スミソニアン博物館など、いくつかの大学や博物館が所蔵している幾何学模型のコレクションは、インターネットで画像が公開されているため気軽に鑑賞することができます。

これらの幾何学模型の多くは、1870年頃にドイツの数学者フェリックス・クリスティアン・クライン（1849-1925）やアレクサンダー・フォン・ブリルらを中心に始まったプロジェクトによって、ライプツィヒのマーティン・シリング社で制作されたものです。マーティン・シリング社では、1932年に生産中止になるまで幾何学模型が制作されていました。

パリのポアンカレ研究所が所蔵している幾何学模型も、多くはマーティン・シリング社製のものです。少しずつ修復され、一部は一般公開もされているようです。パリに訪れる機会があったら、ぜひ見てみたいですね。

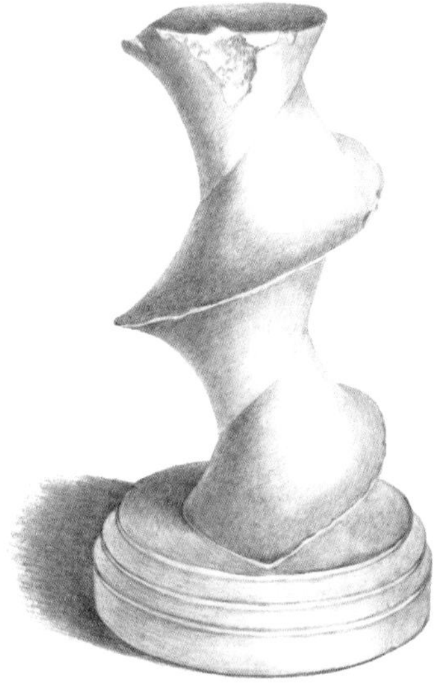

幾何学模型

※ 20世紀の美術と数学

ポアンカレ研究所の幾何学模型は、マン・レイを始めとするシュルレアリスムの美術家たちに影響を与えました。では、20世紀の美術と数学の関係はどのようなものだったのでしょうか。

19世紀に数学者たちによって研究されていた非ユークリッド幾何学や高次元の幾何学の考え方は、19世紀末から20世紀の始めには一般向けの解説書などを通して広く世に知られるようになりました。

同じ頃、美術家たちは、ユークリッド幾何学の考え方をもとにする透視図法での表現に反発し、それに代わる新たな表現を模索していました。そのときに影響を受けたものの1つに、非ユークリッド幾何学や高次元の幾何学の考え方があったのだろうと考えられます。特に、シュルレアリスムやキュビスム、ダダなどの活動で知られる美術家たちは、数学に大きな影響を受けていたともいわれています。前述したマン・レイも、シュルレアリスムの美術家として活動していた頃に、ポアンカレ研究所に足を運んでいました。

現代の美術に多大な影響を与えた美術家マルセル・デュシャン（1887-1968）もまた、数学に強い刺激を受けていたようです。デュシャンは、フランスの数学者アンリ・ポアンカレ(1854-1912)の著書『科学と仮説』などの一般向けの解説書をきっかけに、ポアンカレやリーマンの数学について研究していました。デュシャンの作品『彼女の独身者たちによって裸にされた花嫁、さえも（大ガラス）』(The Bride Stripped Bare by Her Bachelors, Even (The Large Glass)）は、四次元幾何学や非ユークリッド幾何学の考え方に影響を受けていたともいわれています。

振り返ってみれば、美術の転換期にはたびたび数学が登場します。15世紀から16世紀のルネサンスの時代には透視図法に関わるものとして、19世紀末から20世紀には透視図法を打ち破るものとして、それぞれの時代の数学の考え方が美術に大きな影響を与えました。また、どちらも“空間を表現する”方法についての転換期であったことはとても興味深いです。“空間を表現する”ことは、数学と美術の1つの共通点となっているといえるのかもしれませんね。

おわりに

『数学デッサンギャラリー』の執筆のお話をいただいたのは、2019年でした。思い返すと、この本ができあがるまでの間には、社会のあり方をすっかり変えてしまったようなできごともいくつかあり、遠い昔のようにも感じます。

執筆中には『数学セミナー』（日本評論社）の表紙絵を連載させていただく機会もありました。この本にはその時に描いた絵も何点か含まれています。連載当時、数学セミナーの編集を担当していらっしゃった飯野玲氏には大変お世話になりました。また、NPO法人数学カフェ理事／パズル懇話会幹事の三好潤一氏には、完成前の粗削りな原稿を読んでいただき、いくつもの素晴らしいアドバイスをいただきました。数学デッサンを描くきっかけをくださったアーティストのコヤマイッセー氏、今回も数学解説のチェックなどを手伝ってくれた私の弟で数学の研究者でもある國谷紀良、温かく見守ってくれる友人たち、そして、いつもそばにいてくれる家族には、感謝してもしきれません。皆さまにこの場を借りて御礼申し上げます。ありがとうございます。

最後に、読者の皆さま、この本を手に取り読んでくださって、本当にありがとうございました。

2023年10月　瑞慶山 香佳

参考文献

◎一松信 著『正多面体を解く』(東海大学出版部, 2002)
◎P.R. クロムウェル 著/下川航也, 平澤美可三, 松本三郎, 丸木嘉彦, 村上斉 訳『多面体　新装版』(数学書房, 2014)
◎ベルトラン・オーシュコルヌ, ダニエル・シュラットー 著/熊原啓作 訳『世界数学者事典』(日本評論社, 2015)
◎宮崎興二 著『多面体百科』(丸善出版, 2016)
◎数学セミナー編集部 編集『100人の数学者 古代ギリシャから現代まで』(日本評論社, 2017)
◎H.S.M. コクセター 著/銀林浩 訳『幾何学入門 上』(筑摩書房, 2009)
◎シュボーン・ロバーツ 著/糸川洋 訳『多面体と宇宙の謎に迫った幾何学者』(日経BP, 2009)
◎牟田淳 著『アートを生み出す七つの数学』(オーム社, 2013)
◎U.C. メルツバッハ, C.B. ボイヤー 著/三浦伸夫, 三宅克哉 監訳/久村典子 訳『数学の歴史I—数学の萌芽から17世紀前期まで—』(朝倉書店, 2018)
◎U.C. メルツバッハ, C.B. ボイヤー 著/三浦伸夫, 三宅克哉 監訳/久村典子 訳『数学の歴史II—17世紀後期から現代へ—』(朝倉書店, 2018)
◎M.C. エッシャー 著/坂根巌夫 訳『無限を求めて エッシャー、自作を語る』(朝日選書, 1994)
◎杉原厚吉 著『エッシャー・マジック だまし絵の世界を数理で読み解く』(東京大学出版会, 2011)
◎ティモシー・ガワーズ, ジューン・バロウ=グリーン, イムレ・リーダー 編集/砂田利一, 石井仁司, 平田典子, 二木昭人, 森真 監訳『プリンストン数学大全』(朝倉書店, 2015)
◎デヴィッド・ウェイド 著/宮崎興二 編訳/奈尾信英, 日野雅之, 山下俊介 訳『ルネサンスの多面体百科』(丸善出版, 2018)
◎谷川 渥 監修/小沢基弘, 渡辺晃一 編集『絵画の教科書』(日本文教出版, 2001)
◎小林昭七 著『曲線と曲面の微分幾何 (改訂版)』(裳華房, 1995)
◎Fritz Reinhardt, Heinrich Soeder 著/Gerd Falk 図作/浪川幸彦, 成木勇夫, 長岡昇勇, 林芳樹 訳『カラー図解数学事典』(共立出版, 2012)
◎G.K. フランシス 著/笠原晧司 監訳/宮崎興二 訳『トポロジーの絵本』(丸善出版, 2005)
◎阿部浩和, 榊愛, 鈴木広隆, 橋寺知子, 安福健祐 著『実用図学』(共立出版, 2020)
◎中内伸光 著『じっくり学ぶ曲線と曲面—微分幾何学初歩—』(共立出版, 2005)
◎井ノ口順一 著『どこにでも居る幾何 アサガオから宇宙まで』(日本評論社, 2010)
◎ヴィトルト・リプチンスキ 著/春日井晶子 訳『ねじとねじ回し——この千年で最高の発明をめぐる物語』(早川書房, 2010)
◎新井朝雄 著『美の中の対称性 数学からみる自然と芸術』(日本評論社, 2009)
◎イーリー・マオール, オイゲン・ヨスト 著/高木隆司 監訳/稲葉芳成, 河﨑哲嗣, 田中利史, 平澤美可三, 吉田耕平 訳『美しい幾何学』(丸善出版, 2015)
◎渡部潤一 監修『ぜんぶわかる宇宙図鑑』(成美堂出版, 2017)
◎C. アダムス 著/金信泰造 訳『結び目の数学 結び目理論への初等的入門』(丸善出版, 2021)
◎B. ミーハン 著/鶴岡真弓 訳『ケルズの書』(創元社, 2002)
◎ブティック社編集部　編集『改訂版 結び大百科』(ブティック社, 2017)
◎高安秀樹 著『フラクタル (新装版)』(朝倉書店, 2010)
◎E.N.Lorenz 著/杉山勝, 杉山智子 訳『ローレンツ カオスのエッセンス』(共立出版, 1997)
◎イアン・スチュアート 著/梶山あゆみ 訳『自然界の秘められたデザイン 雪の結晶はなぜ六角形なのか?』(河出書房新社, 2015)
◎西川青季 著『等長地図はなぜできない 地図と石鹸膜の数学』(日本評論社, 2014)
◎川上裕, 藤森祥一 著『臨時別冊・数理科学 極小曲面論入門 その幾何学的性質を探る』(サイエンス社, 2019)
◎フィリップ・ボール 著, 林大 訳『かたち 自然が創り出す美しいパターン1』(早川書房, 2016)
◎フィリップ・ボール 著, 桃井緑美子 訳『枝分かれ 自然が創り出す美しいパターン3』(早川書房, 2016)
◎深川英俊, トニー・ロスマン 著『聖なる数学:算額 世界が注目する江戸文化としての和算』(森北出版, 2010)
◎Gerd Fischer　編集『Mathematical Models: From the Collections of Universities and Museums』(Springer Spektrum, 2017)
◎Ernst Seidl, Frank Loose, Edgar Bierende　編集『Mathematik mit Modellen:Alexander von Brill und die Tübinger Modellsammlung』(Universität Tübingen, 2018)
◎数学セミナー 2019年4月号~2021年3月号 (日本評論社)
◎Wolfram MathWorld https://mathworld.wolfram.com/
◎MacTutor https://mathshistory.st-andrews.ac.uk/
◎Homepage Jürgen Meier http://www.3d-meier.de/
◎Institut Henri-Poincaré https://www.ihp.fr/fr
◎Smithsonian Institution https://www.si.edu/
◎worldcupballs.info https://www.worldcupballs.info/

瑞慶山 香佳（ずけやま よしか）

美術作家。数学で扱うかたちを鉛筆や色鉛筆で描く“数学デッサン”や、数学をモチーフにした作品を制作。著書『数学デッサン教室　描いて楽しむ数学のかたち』（技術評論社）。

1981　神奈川県横浜市生まれ
1999　新潟県立新潟南高等学校卒業
2003　大妻女子大学家政学部被服学科卒業　博物館学芸員課程修了

❖活動歴
2018　映画『センセイ君主』装飾協力
2019-2021　『数学セミナー』（日本評論社）表紙絵
2022　『新編数学シリーズ』（第一学習社）表紙絵

❖その他
数学デッサンフェア（書泉グランデ）　など

【初出】以下『数学セミナー』（日本評論社）表紙絵より。
p.14　2019年6月号／p.38　2020年4月号
p.68　2020年5月号／p.72　2019年8月号
p.82　2020年3月号／p.90　2020年1月号
p.102　2020年8月号

数学（すうがく）デッサンギャラリー

2023年11月15日　初版　第1刷発行

著　者　瑞慶山（ずけやま） 香佳（よしか）
発行者　片岡 巌
発行所　株式会社技術評論社
東京都新宿区市谷左内町21-13
電話　03-3513-6150　販売促進部
　　　03-3267-2270　書籍編集部

印刷／製本　大日本印刷株式会社

定価はカバーに表示してあります。

ISBN978-4-297-13767-0 C3041
Printed in Japan

◎ブックデザイン：小川 純（オガワデザイン）
◎編集・DTP：トップスタジオ
◎進行：佐藤丈樹（技術評論社）

本書へのご意見、ご感想は、技術評論社ホームページ（https://gihyo.jp/）または以下の宛先へ、書面にてお受けしております。電話でのお問い合わせにはお答えいたしかねますので、あらかじめご了承ください。

〒162-0846　東京都新宿区市谷左内町21-13
株式会社技術評論社　書籍編集部
『数学デッサンギャラリー』係
FAX：03-3267-2271